Inhalt – Kurzübersicht

Die Gliederung des Arbeitsbuches bezieht sich auf die Kapitelfolge der 3. Auflage des Lehrbuchs Mensch, Körper, Krankheit (MKK).
Abweichungen zum Lehrbuch Biologie, Anatomie, Physiologie (BAP) ☞ gesonderte Referenz Seite V

Abkürzungsverzeichnis

A., Aa.	Arterie, Arterien	i. m.	intramuskulär
Abb.	Abbildung	M., Mm.	Musculus, Musculi
ATP	Adenosintriphosphat	MKK	Lehrbuch **Mensch, Körper, Krankheit**
BAP	Lehrbuch **Biologie, Anatomie, Physiologie**	N., Nn.	Nervus, Nervi
bzw.	beziehungsweise	u. a.	unter anderem
ca.	circa (ungefähr)	v. a.	vor allem
d. h.	das heißt	V., Vv.	Vene, Venen
EKG	Elektrokardiogramm	z. B.	zum Beispiel

Barbara Groos

Arbeitsbuch

Mensch Körper Krankheit

Biologie Anatomie Physiologie

3. Auflage

URBAN & FISCHER
München Jena 2001

Zuschriften und Kritiken an
Urban & Fischer Verlag
Lektorat Pflege
Karlstr. 45
80333 München

Hinweis: Das Arbeitsbuch zu Mensch, Körper, Krankheit (MKK) und Biologie, Anatomie, Physiologie (BAP) bezieht sich in den Querverweisen auf die 3. Auflage bzw. 4. Auflage der Quellwerke, so daß sich geringfügige Änderungen hinsichtlich der Abbildungs- und Kapitelnummern zu den Folgeauflagen (siehe Kasten) ergeben. Da das Lehrbuch **Biologie, Anatomie, Physiologie** (BAP) keine Krankheitsbilder vermittelt, konnte bei einigen Fragen zu Krankheitsbildern lediglich auf das Lehrbuch **Mensch, Körper, Krankheit** (MKK) verwiesen werden. In den meisten Fällen können auch diese Fragen jedoch weitgehend mit dem Wissen aus **Biologie, Anatomie, Physiologie** (BAP) beantwortet werden.

Die Deutsche Bibliothek – CIP Einheitsaufnahme
Ein Titeldatensatz dieser Publikation ist bei
Der Deutschen Bibliothek erhältlich

1. Auflage September 1995
2. Auflage September 1999
3. Auflage Juni 2001

03 04 05 5 4 3 2

Lektorat: Nicole Braunen, Dagmar Brendle
Herstellung: Wolfram Friedrich
Grafiken: Gerda Raichle, Sabine Weinert-Spieß
Comics: Robert Young

Quellwerke:

A. Schäffler / N. Menche (Hrsg.)
Mensch, Körper, Krankheit
Anatomie, Physiologie, Krankheitsbilder -
Lehrbuch und Atlas für die Berufe im Gesundheitswesen
3. Auflage 1999 ISBN 3-437-55091-8

A. Schäffler / N. Menche (Hrsg.)
Biologie, Anatomie, Physiologie
Kompaktes Lehrbuch für die Pflegeberufe
4. Auflage 2000 ISBN 3-437-55192-2

Abbildungsnachweis Buchtitel: Auge - Tony Stone Bilderwelten, München, Pflege - Foto aus dem Bildband „Im Krankenhaus - Der Patient zwischen Technik und Zuwendung", Bilder aus dem Alfried Krupp Krankenhaus in Essen, herausgegeben von der Alfried Krupp von Bohlen und Halbach-Stiftung; Foto: Prof. Timm Rautert, Körper - Eric Bach Superbild Internationales Bildarchiv, München

gedruckt auf total chlorfrei gebleichtem Papier
Druck: Appl, Wemding
Layout, Satz und Umschlag: www.prepress-ulm.com

Synopse zu Biologie, Anatomie, Physiologie

1 Die Organisation des menschlichen Körpers

Eigenschaften der lebendigen Materie

Aufgabe 1
MKK/BAP 1.2

Was zeichnet Lebewesen grundsätzlich im Vergleich mit nichtlebenden Strukturen aus?

a) Aufbau aus einer oder vielen Zellen
b) Stoffwechselfunktionen
c) selbständige Vermehrung
d) Fähigkeit zu denken

Zellorganellen

Aufgabe 2
MKK/BAP 1.1

Bitte ergänzen Sie den folgenden Text:

Die Zellorganellen regeln den St..........w................ der Zelle.
Viele Zellen bilden das G................ . Das Gewebe bildet das O.............. .
Der menschliche Körper beherbergt verschiedene O.............s.................. .

Organsysteme

Aufgabe 3
MKK Tab. 1.3
BAP Tab. 1.2

Nennen Sie zu den drei folgenden Begriffen das zugehörige Organsystem:

Luftholen ....
Blut ....
Urin/Harn ....

Die Körperhöhlen

Aufgabe 4
MKK 1.3

Welche der folgenden Körperhöhlen gehören zu den großen Körperhöhlen des Menschen?

a) Augenhöhlen
b) Brusthöhle
c) Nasennebenhöhle
d) Pleurahöhle
e) Bauch-Beckenraum
f) Achselhöhle

Aufgabe 5
MKK Abb. 1.6

Regelkreis

Bitte ordnen Sie die Begriffe einander zu und tragen Sie die Begriffe der rechten Seite in die Abbildung ein.

Regler	Nervenimpulse ändern Gefäßweite, stimulieren bzw. drosseln die Herzarbeit
Meßfühler	Soll-Blutdruck
Istwert	Gehirn (Kreislaufzentrum)
Regelgröße	Impulse über Nerven ans Gehirn geleitet
Stellglied ändert Regelgröße	Blutdruck in Arteriolen und anderen Gefäßen
Sollwert	Pressorezeptoren, z.B. in den Arterien

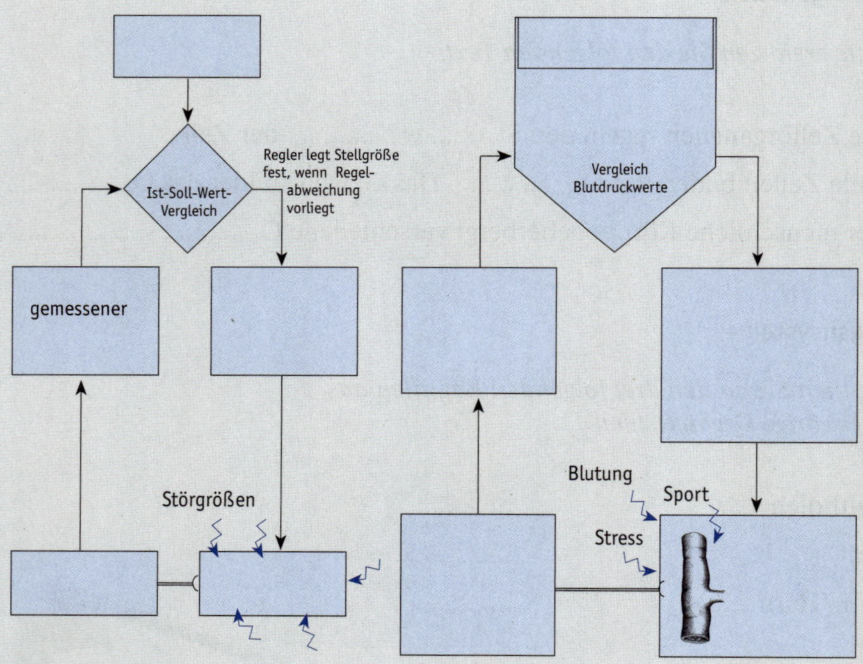

Aufgabe 6
MKK 1.5.3

Körperliche Arbeit

Welche Veränderungen im Organismus finden während körperlicher Arbeit statt?

a) Erhöhung von Herzfrequenz und Herzschlagvolumen
b) Vermehrte Durchblutung der Muskulatur
c) Produktion von aeroben Stoffwechselprodukten
d) Steigerung der Durchblutung von Nieren und Magen-Darm-Trakt
e) Steigerung der Atemminutenvolumens

Richtungsbezeichnungen am Körper

Bitte ordnen Sie die folgenden Begriffe den entsprechenden Kästchen in der Abbildung zu:

Aufgabe 7
MKK Abb. 1.13
BAP Abb. 1.6

a) kranial	b) kaudal	c) dexter	d) sinister
e) ventral	f) dorsal	g) medial	h) lateral
i) proximal	k) distal	l) anterior	m) posterior

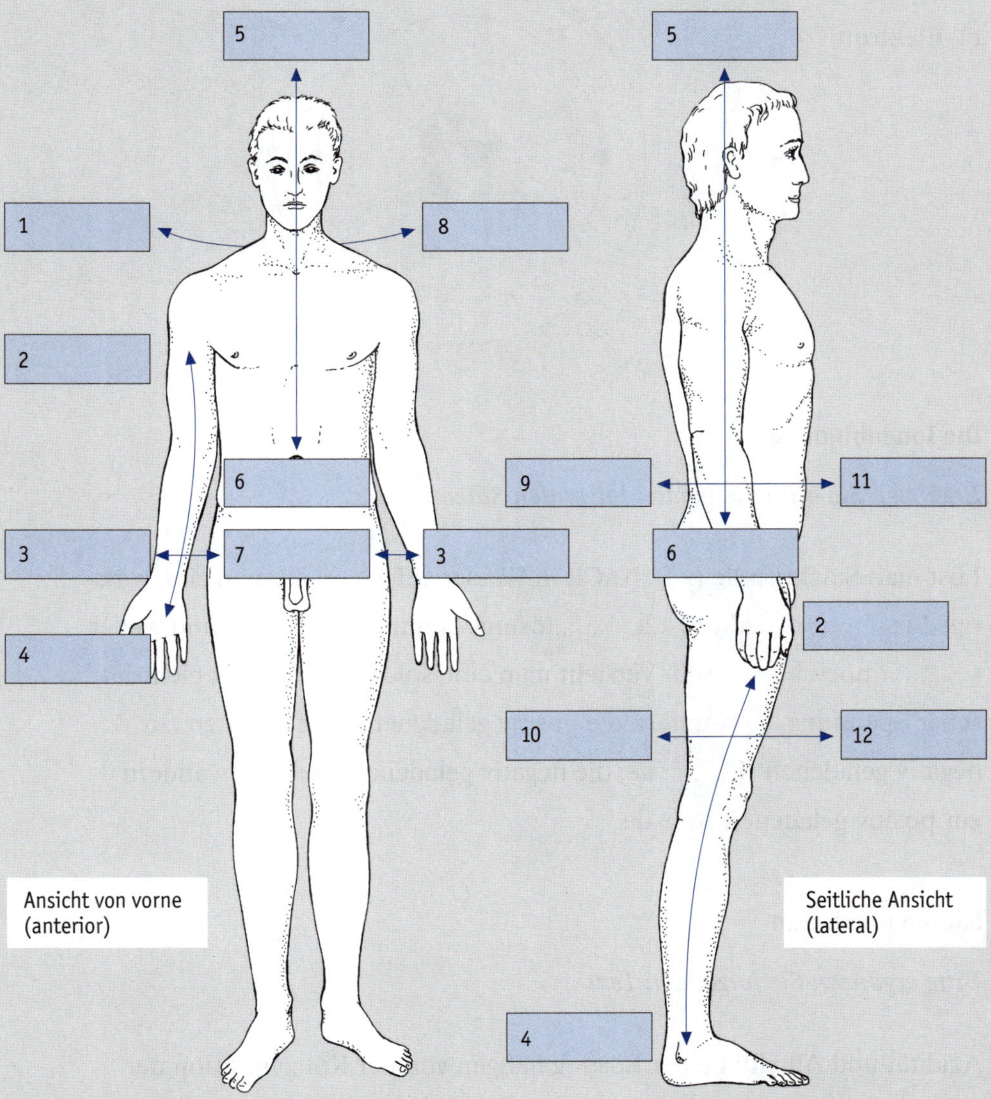

Anmerkung: Die kleinen Ziffern in den Kästchen dienen zur Kontrolle der richtigen Lösung im Lösungsteil.

Das Notwendige aus Chemie und Biochemie

Aufgabe 1
MKK Abb. 2.2
BAP Abb. 2.1

Aufbau eines Atoms

Bitte benennen Sie die Strukturen der Abbildung:

a) Proton

b) Neutron

c) Elektron

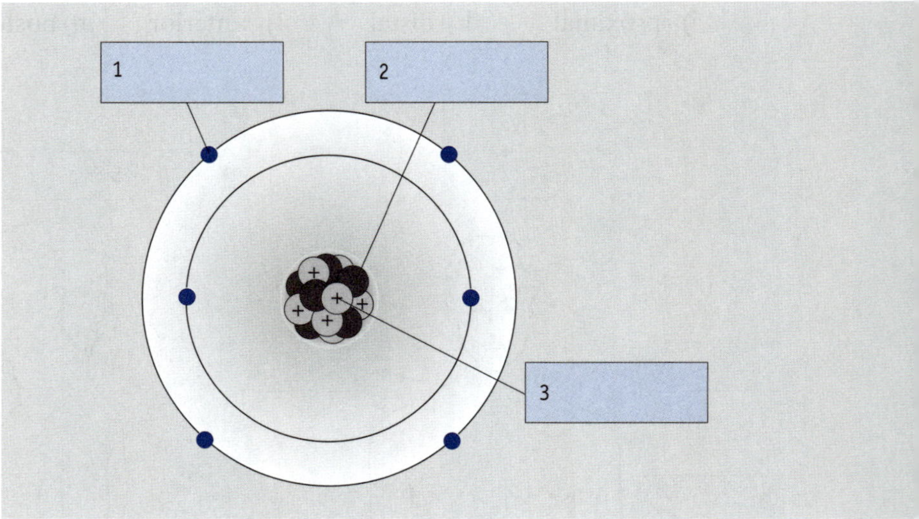

Aufgabe 2
MKK 2.4.1

Die Ionenbindung

Ergänzen Sie bitte die beiden folgenden Sätze:

Löst man Salzkristalle (z.B. NaCl) in Wasser auf, so erhält man eine wässrige Lösung . Sie heißt E.....k...........lösung. Neutrale Lösungen sind weder s...........r noch b..........sch. Versieht man eine solche Lösung mit elektrischer Spannung, so wandern die positiv geladenen Natriumionen zur negativ geladenen K...........de, die negativ geladenen Anionen wandern zur positiv geladenen A......de.

Aufgabe 3
MKK 2.7.2–2.7.4

Säuren und Basen

Bitte ergänzen Sie folgenden Text

Azidität und Alkalität einer Lösung hängen von der Konzentration der ....- Ionen bzw. ......-Ionen ab.

Ist die Konzentration gleich, so ist die Lösung n............ Chemische Substanzen, die ......-Ionen abgeben können, bezeichnet man als .... Je saurer eine Lösung ist, desto k............. ist der ....-Wert. Um den pH-Wert innerhalb einer Körperflüssigkeit konstant zu halten, gibt es ... .systeme. Das sind Substanzen, die überschüssige H^+-Ionen .a..................... und bei basischen Milieu wieder a...........b........... Ein wichtiges Puffersystem unseres Körpers ist das K................./ B.....................- System.

Organische Verbindungen in der Ernährung

Aufgabe 4
MKK/BAP 2.8.1

Welche Substanz ist der Hauptenergieträger des menschlichen Körpers?

a) Alkohol
b) Eiweiß
c) Fett
d) Wasser
e) Glukose (Zucker)

Organische Verbindungen in der Ernährung

Aufgabe 5
MKK 2.8

Welche Begriffe passen zusammen?

1) Disaccharid	a) Leber
2) Glykolyse	b) Stärke *(Amylose)*
3) Polysaccharid	c) Laktose *(Milchzucker)*
4) Ungesättigte Fettsäure	d) Pyruvat
5) Glukoneogenese	e) Linolsäure

Organische Verbindungen in der Ernährung

Aufgabe 6
MKK/BAP 2.8.2

Welche Aussagen zum Cholesterin treffen zu?

Cholesterin

a) ist ein Baustein der Zellmembranen des menschlichen Körpers.
b) wird von Pflanzen produziert.
c) kann zur Gefäßverkalkung führen.
d) ist ein Vorläufer von bestimmten Hormonen.
e) ist ein Vorläufer von Gallensäuren.

Aufgabe 7
MKK 2.9
BAP 2.5+2.8.3

Die Schlüsselrolle von Enzymen und Coenzymen

Bitte ordnen Sie die folgenden Begriffe einander sinnvoll zu:

1) ATP (Adenosintri-phosphat)	a) Energiespeicher
2) Katabolismus	b) Energiegewinnung
3) Enzym	c) Biokatalysator
4) Anabolismus	d) Energiefreisetzung

Aufgabe 8
MKK/BAP 2.8.4

Nukleinsäuren: Schlüssel zur Vererbung

Welche typischen Merkmale kennzeichnen die DNA?

a) Doppelstrang
b) Base „Uracil“
c) Zuckermolekül Desoxyribose
d) einfacher Strang

Aufgabe 9
MKK 2.8.4

Nukleinsäuren: Schlüssel zur Vererbung

Aus welchen Basen ist die DNA aufgebaut und welche liegen sich gegenüber?

1) A............
2) G...........

3)..........m....
4)..........s.....

3 Von der Zelle zum Organismus

Zellstrukturen und -organellen

Aufgabe 1
MKK/BAP Abb. 3.3

Bitte beschriften Sie die Abbildung mit folgenden Begriffen:

a) Zellkern

b) Mitochondrien

c) Endoplasmatisches Retikulum mit Ribosomen

d) Golgi-Apparat

e) Nukleolus

f) Kontaktstelle zur Nachbarzelle

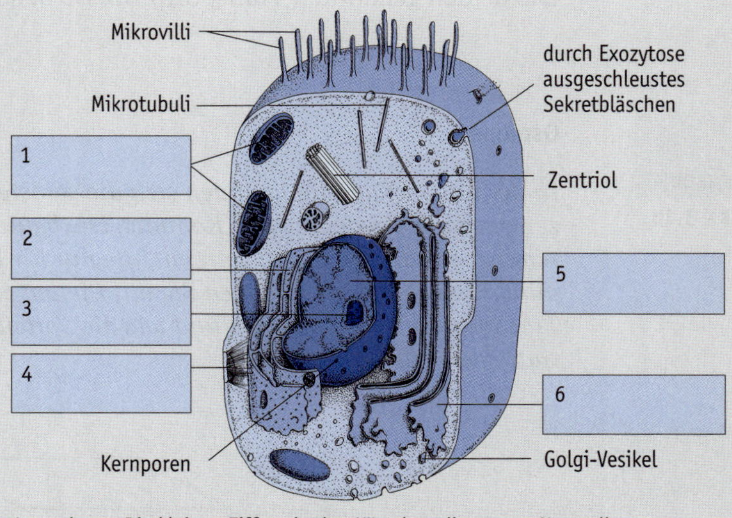

Anmerkung: Die kleinen Ziffern in den Kästchen dienen zur Kontrolle der richtigen Lösung im Lösungsteil.

Funktion der Zellorganellen

Aufgabe 2
MKK/BAP 3.3

Bitte ordnen Sie die Zellorganellen ihren Funktionen zu:

Aufgabe 3
MKK 3.5.4

Transportprozesse

Bitte ergänzen Sie folgende Sätze

Die D.................. finder entlang eines K..................g................ statt.
Der Lösungsmitteltransport durch eine s.................... Membran wird als .... bezeichnet.
Die beiden genannten Transportprozesse benötigen .... Energie.

Aufgabe 4
MKK 3.18

Osmose

In der linken Kammer befinden sich die gelösten Teilchen in höherer Konzentration als in der rechten Kammer. Die beiden Kammern sind durch eine semipermeable Membran getrennt, die nur für Lösungsmittelmoleküle durchlässig ist. Bitte zeichnen Sie mit Pfeilen ein in welche Richtung ein Transportprozess stattfindet und wie die Verteilung nach erfolgtem Konzentrationsausgleich aussieht.

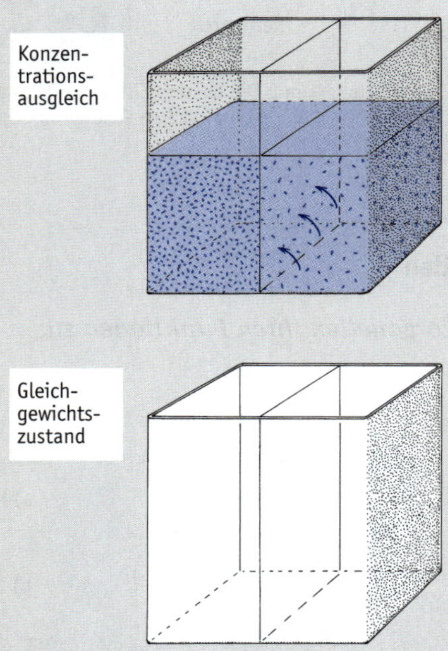

Hauptfunktion der Zellen

Aufgabe 5
MKK/BAP 3.6

Bitte ergänzen Sie den folgenden Text:

Die Pr............bio............se ist eine der Hauptfunktionen der menschlichen Zelle. Der erste Schritt der Übertragung von genetischer Information vom Zellkern ins Zytoplasma ist die Tr......k.......tion. Dabei wird die m....s.......er-R.... an der Kern-DNA gebildet. 3 Basen kodieren eine A..........säure. Bei der Tr.....l....ion fügen sich 3 Basen der m-RNA und 3 Basen eines t-RNA-Moleküls zusammen. Die an der t-RNA hängenden Aminosäuren fügen sich zu einer Pr....t........kette zusammen. Die Translation findet an den R...b.........men statt. Ein aus vielen Basentripletts bestehender Abschnitt auf der DNA, der den Code für die Bildung *eines* bestimmten Proteins enthält, ist ein G......... .

Mitose und Meiose

Aufgabe 6
MKK/BAP 3.7

Die Mitose ist die Zellteilung, die Meiose die Reifeteilung.
Bitte ordnen Sie den beiden Arten von Zellteilung die zugehörigen charakteristischen Begriffe zu

a) Metaphase
b) Spermien
c) DNA-Verdopplung
d) Anaphase
e) Eizelle
f) Telophase
g) Polkörperchen
h) Interphase
i) Reifeteilung

1) Mitose
2) Meiose

Aufgabe 7
MKK 3.8.2
BAP 4.3

Vererbungslehre/Mendelsche Gesetze

Bitte ordnen Sie richtig zu:

1) 1. Mendelsches Gesetz
2) 2. Mendelsches Gesetz
3) 3. Mendelsches Gesetz

a) Aufspaltungsregel (1:2:1)
b) Uniformitätsregel
c) Unabhängigkeitsregel (beliebig viele Merkmalskombinationen, da die Gene für die Ausprägung eines Merkmals auf unterschiedlichen Chromosomen liegen)

Aufgabe 8
MKK 3.8.3
BAP 4.1 + 4.3

Erbgänge und Ausprägungstypen

Kreuzworträtsel

1) Gesamtheit aller genetischen Informationen eines Organismus

2) Unterscheiden sich die Allele der elterlichen Chromosomen (z.B. Haarfarbe „blond" und „schwarz"), dann ist der Genträger in Bezug auf die Haarfarbe ....

3) Wenn ein Allel bei heterozygoter Veranlagung das Übergewicht hat, dann ist es ......

4) Erblehre

5) Bei identischem Allelpaar (z.B. für die Haarfarbe zweimal Erbinformation „blond") ist der Genträger in Bezug auf die Haarfarbe ....

6) Wenn das Merkmal (z.B. Haarfarbe) als Mischung zur Ausprägung kommt (z.B. Haarfarbe „braun"), dann ist der Erbgang ....

7) Ausprägung eines Merkmals, das sich nicht durchsetzt

8) Äußeres Erscheinungsbild der Erbanlage eines Organismus

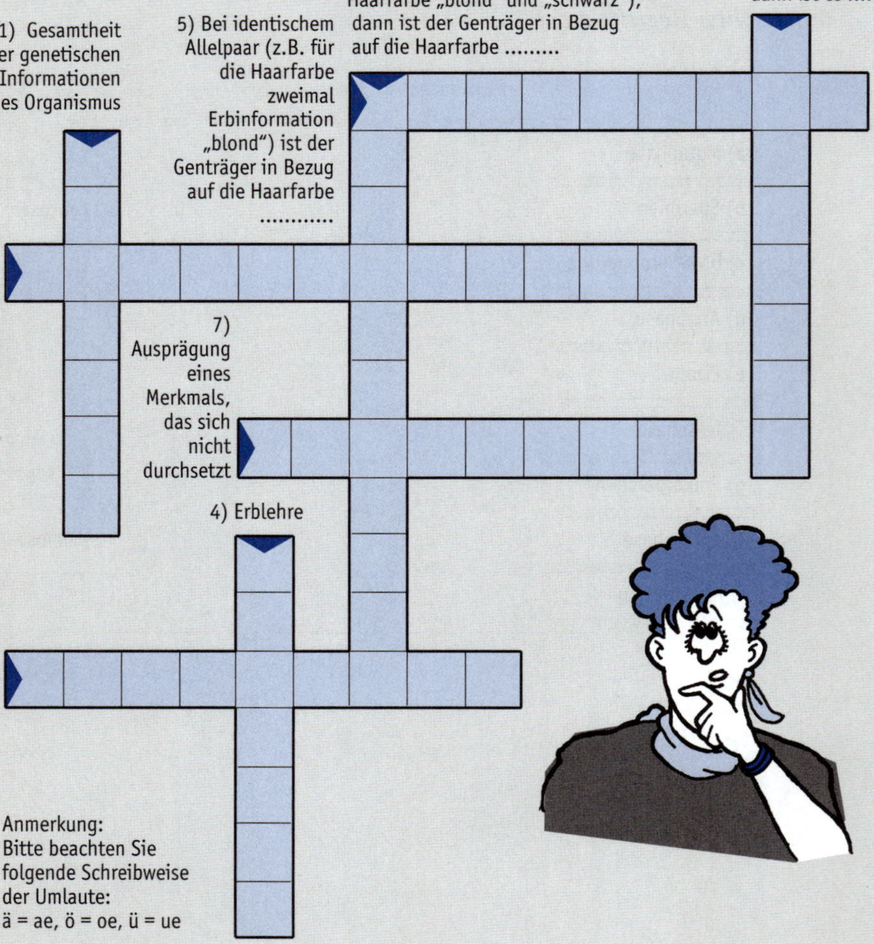

Anmerkung:
Bitte beachten Sie folgende Schreibweise der Umlaute:
ä = ae, ö = oe, ü = ue

4 Die Gewebe des Körpers

Gewebearten

Aufgabe 1
MKK 4.1/BAP 5.1

Es gibt vier unterschiedliche Gewebegruppen. Bitte ergänzen Sie:

a) E................gewebe
b) B.............- und Stützgewebe
c) M..............gewebe
d) N..............gewebe

Epithelgewebe

Aufgabe 2
MKK 4.2/BAP 5.2

Nicht alle Organe sind mit dem gleichen Epithel bedeckt bzw. ausgekleidet. Bitte ordnen Sie die unterschiedlichen Epithelien den richtigen Organen zu:

1) Flimmerepithel	a) Harnblase
2) Plattenepithel	b) Nase
3) Übergangsepithel	c) Hautoberfläche

Binde- und Stützgewebe

Aufgabe 3
MKK 4.3/BAP 5.3

Bitte ordnen Sie zu:

1) Bindegewebe	a) Knochen
	b) Fett
	c) Stroma
2) Stützgewebe	d) Knorpel

Aufgabe 4
MKK 4.5/BAP 5.5

Knorpel

Bitte ergänzen Sie den folgenden Absatz:

Knorpelgewebe ist besonders druckfest, weil die Ch............zyten von viel fester ....sub............ umgeben sind. Knorpel zählt zu den bradytrophen Geweben mit niedriger St..............ak.........t, da er nicht durchblutet wird. Hy............. Knorpel überzieht Gelenkflächen, e......st.......er Knorpel bildet das „Gerüst" der Ohrmuschel. Bandscheiben bestehen aus F...........knorpel.

Aufgabe 5
MKK 4.7.3
BAP 5.7.3

Muskelgewebe/Herzmuskulatur

Welche Aussagen zur Herzmuskulatur treffen zu?

a) Die Herzmuskulatur ist dem Willen unterworfen.

b) Sie ist eine Sonderform der quergestreiften Muskulatur, zeigt aber auch Merkmale der glatten Muskulatur.

c) Die Zellen der Herzmuskulatur bilden ein Flechtwerk, das die elektrische Erregungsausbreitung im Herzgewebe fördert.

Aufgabe 6
MKK 4.8/BAP 5.8

Nervengewebe

Bitte ordnen Sie die folgenden Begriffe einander sinnvoll zu:

1) Neuron		a) Nervenhüllgewebe
2) Axon		b) Kontaktstelle zwischen zwei Nervenzellen
3) Synapse		c) Nervenzelle
4) Neuroglia		d) leitet Information von der Nervenzelle weg

Muskelgewebe/Glatte Muskulatur

Aufgabe 7
MKK 4.7.1
BAP 5.7.1

Wo befindet sich glatte Muskulatur ?

a) Darm
b) Uterus
c) M. biceps
d) Harnblase

Muskelgewebe/Quergestreifte Muskulatur

Aufgabe 8
MKK 4.7.2
BAP 5.7.2

Wo befindet sich quergestreifte Muskulatur?

a) Dünndarm
b) Armmuskulatur
c) Beinmuskulatur
d) Rückenmuskeln
e) Zwerchfell

Aufbau des Lamellenknochens

Aufgabe 9
MKK Abb. 4.13
BAP Abb. 7.3

Bitte ordnen Sie der Abbildung folgende Begriffe zu:

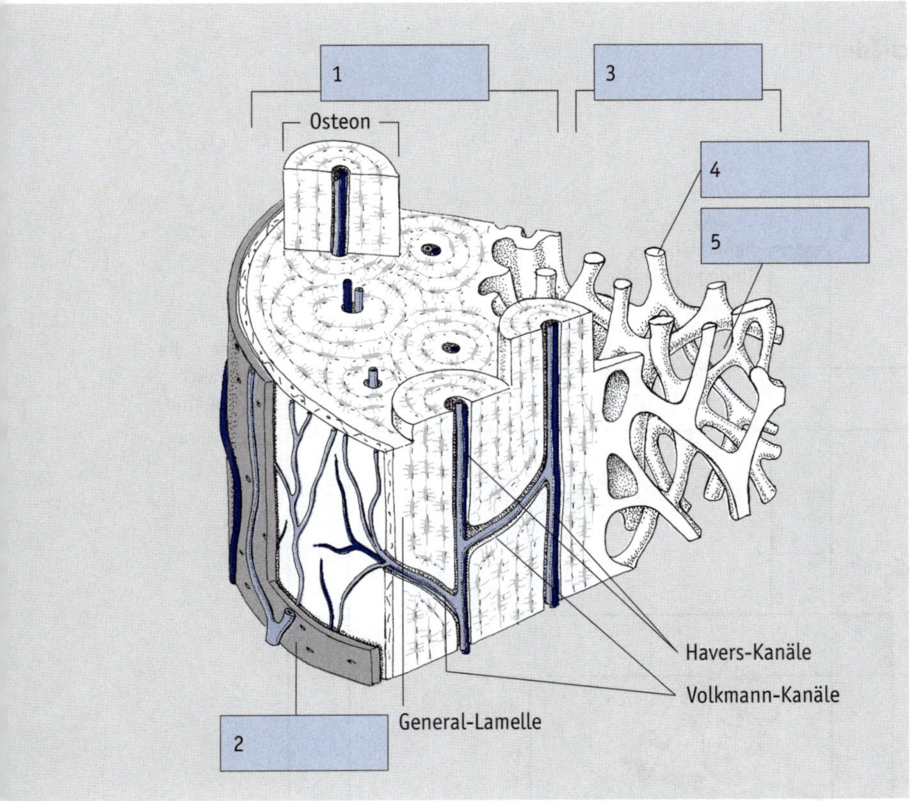

a) Periost
b) Kortikalis
c) Spongiosa
d) Trabekel
e) Markraum

Allgemeine Krankheitslehre

Aufgabe 1
MKK 5.2

Äußere und innere Krankheitsursachen

Bitte ordnen Sie zu:

1) Äußere Krankheitsursachen
2) Innere Krankheitsursachen

a) Erbanlagen
b) Lebensstil
c) Gesellschaft
d) Arbeitsplatz
e) Fehlbildungen
f) Gewebsalterung
g) Umwelt

Aufgabe 2
MKK 5.3

Zell- und Gewebsschäden

Kreuzworträtsel

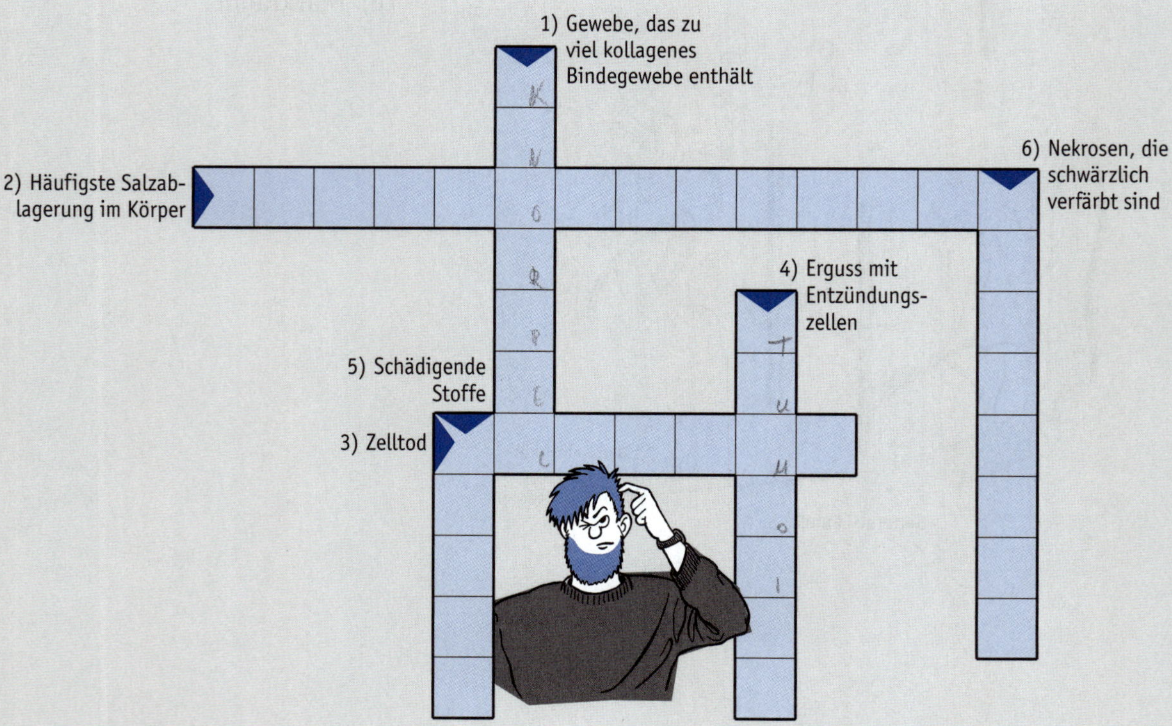

Genetisch bedingte Krankheiten und Humangenetik

Aufgabe 3
MKK 5.2.3

Welche Aussagen sind richtig?

a) Während der 2. Reifeteilung werden die 23 Chromosomenpaare des Menschen nach dem Zufallsprinzip getrennt.
b) Der Verlust oder Zugewinn eines Chromosomenabschnitts wird als numerische Chromosomenaberration bezeichnet.
c) Die spontanen oder durch schädigende Einflüsse verursachten Änderungen des Erbguts werden als Mutation bezeichnet.
d) Eine strukturelle Chromosomenaberration entsteht durch Verringerung oder Erhöhung der Chromosomen-zahl.
e) Ein dominantes Allel überdeckt die Wirkung eines rezessiven Allels.

Die Entzündung

Aufgabe 4
MKK Abb. 5.8

Welche fünf Kardinalsymptome der Entzündung stellt die Karikatur dar?

a) ....
b) ....
c) ....
d) ....
e) ....

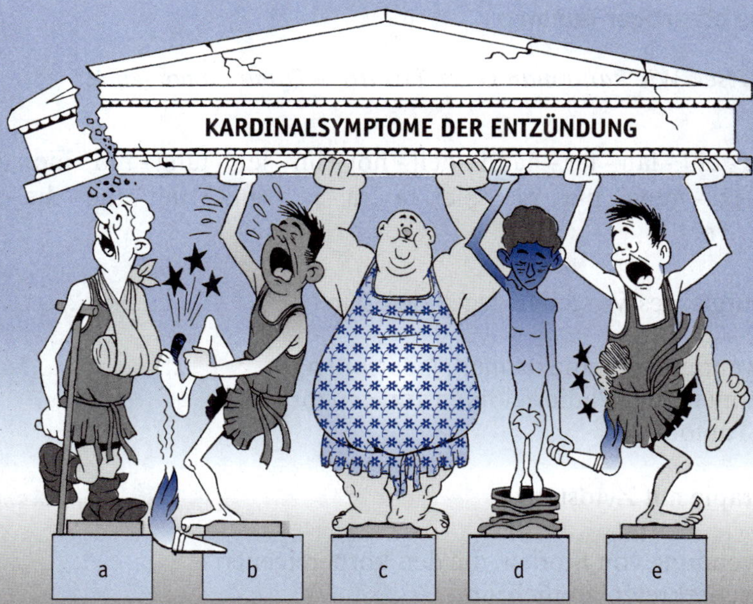

Aufgabe 5
MKK Abb. 5.13

Entartete Gewebe: Tumoren

Es gibt gutartige und bösartige Tumoren. Bitte charakterisieren Sie die Tumoren anhand der folgenden Eigenschaften, indem Sie die Buchstaben den entsprechenden Kästchen der Abbildung zuordnen:

a) Kapsel
b) unscharfe Begrenzung
c) bricht nicht in Gefäße ein
d) bricht in Gefäße ein
f) invasiv-zerstörendes Wachstum
e) verdrängendes Wachstum
g) Metastasierung
h) keine Metastasen

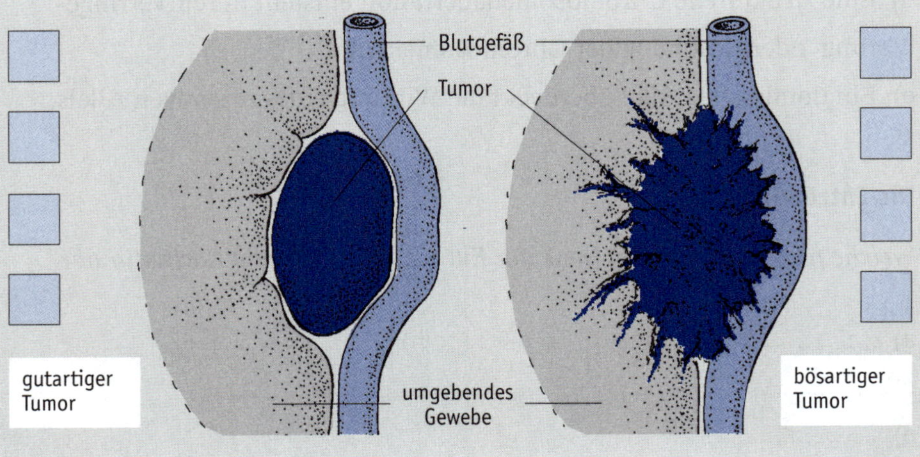

Aufgabe 6
MKK 5.6.6

Therapie bösartiger Tumoren

Silbenrätsel. Wie kann man gegen bösartige Tumoren vorgehen?

be - che - ent - fah - fer - hand - heil - hor - im - len - lung - mo - mon - mor - mun - na - nung - pie - pie - pie - ra - ra - ra - ren - strah - the - the - the - tu - tur - ver

a) chirurgisches Vorgehen gegen den Tumor ....

b) Anwendung von Elektronen, Neutronen, Protonen oder Radionukliden zur Zerstörung des Tumors ....

c) Therapie mit Zytostatika ....

d) Anwendung von Stoffen, die den körpereigenen Drüsensekreten ähnlich sind ....

e) Stärkung der körpereigenen Abwehr gegen den Tumor ....

f) Anwendung von Mistelextrakt oder anderen pflanzlichen Produkten ....

Krankheitsverläufe

Aufgabe 7
MKK Abb. 5.18

Die folgenden Kurven sollen unterschiedliche Krankheitsverläufe darstellen. Bitte beschriften Sie die Leerkästchen mit den Buchstaben:

a) perakut (rasch zum Tode führend)
b) chronisch progredient (fortschreitend, führt nach Jahren zum Tode)
c) chronisch kontinuierlich
d) chronisch rezidivierend
e) akut
f) inapparent (unbemerkt)
g) Rückfall (Rezidiv) nach längerer Zeit

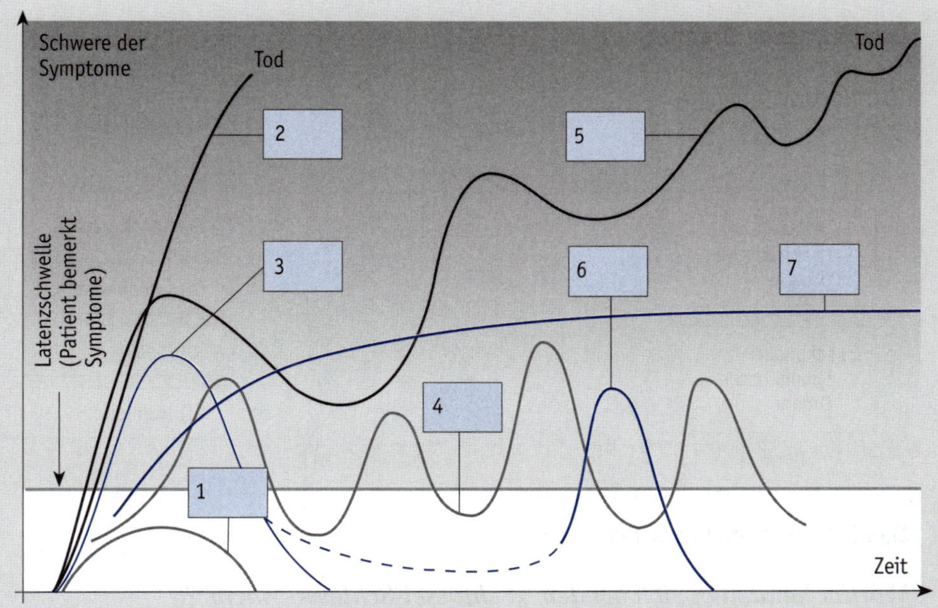

Null-Linie im EEG

Aufgabe 8
MKK 5.9.1

Wesentlicher Anhaltspunkt für den Hirntod ist eine Null-Linie im EEG über mindestens

a) 10 Minuten
b) 30 Minuten
c) 60 Minuten

Infektion und Abwehr

Aufgabe 1
MKK 6.2
BAP 6.1

Schutzbarrieren des Körpers

Da, wo Krankheitserreger zum ersten Male mit dem Körper in Kontakt kommen, ist der Körper durch Schutzbarrieren geschützt.
Welche Aussagen sind richtig?

Schutzfunktion haben:

a) Magensäure
b) Lysozym im Speichel und in den Tränen
c) Säuremantel der Haut
d) physiologische Bakterienflora im Verdauungstrakt
e) alle Aussagen sind richtig
f) keine der Aussagen ist richtig

Aufgabe 2
MKK/BAP 6.1.2

Lymphatische Organe

Bitte ordnen Sie zu:

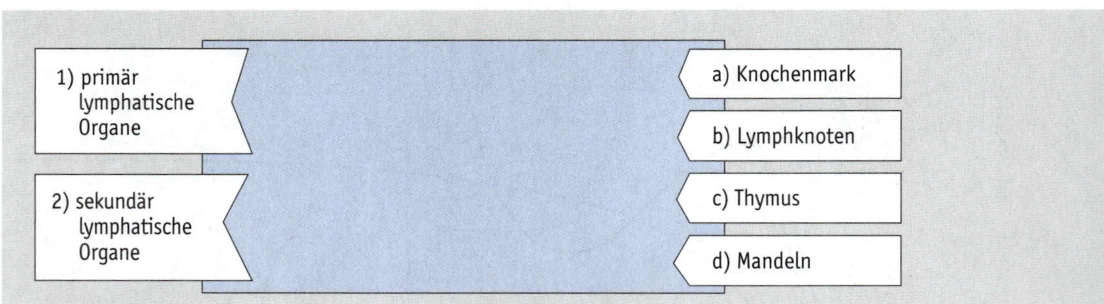

Aufgabe 3
MKK 6.4.4
BAP 6.4.3

Das Schlüssel-Schloss-Prinzip

Worum handelt es sich bei dem „Schlüssel-Schloss-Prinzip"?

a) Ein Bakterium muß eine Wirtszelle finden, deren Oberfläche genau zu ihm passt. Dann kann es die Zelle zerstören.

b) Ein Erreger kann dann vernichtet werden, wenn es einen Antikörper gibt, der genau zum Antigen des Erregers passt.

c) Erst wenn der Antikörper und das Antigen des Erregers genau zusammenpassen, kommt es zum Ausbruch der Erkrankung.

6

Die vier Teilsysteme der Abwehr

Bitte ordnen Sie die nachfolgenden „Bausteine" der Immunabwehr ihrer Systemzugehörigkeit entsprechend zu:

Aufgabe 4
MKK/BAP Tab. 6.1

Aufbau eines IgG-Antiköpers

Aufgabe 5
MKK/BAP Abb. 6.9

Man spricht von der Y-Form des Antikörpers. Dieses Y hat folgende Elemente:

a) Antigenbindungsstellen

b) Leichte Ketten

c) Verbindungsstellen

d) Schwere Ketten

e) Kontaktstellen für die Zusammenarbeit mit anderen Abwehrzellen

Bitte beschriften Sie das Modell des Antikörpers mit Hilfe dieser Informationen, indem Sie die Lösungsbuchstaben in die Kästchen eintragen:

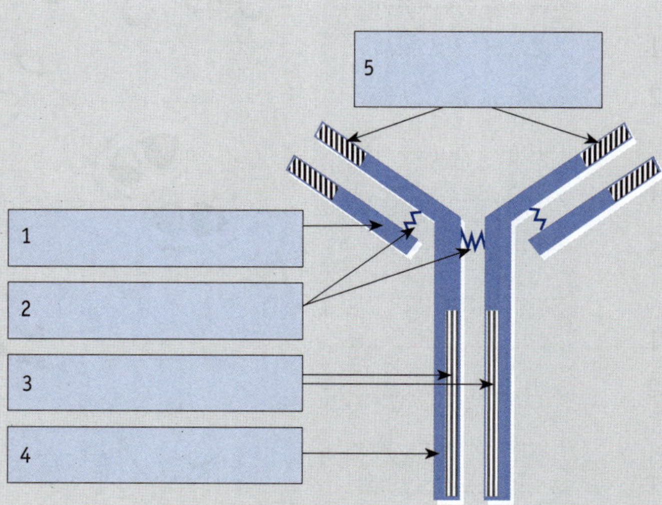

Aufgabe 6
MKK/BAP 6.6

Impfung

Bitte ordnen Sie zu:

1) Aktivimmunisierung
2) Passivimmunisierung

a) Gabe von Immunglobulinen
b) Kurzfristige Schutzwirkung (etwa 2-3 Monate)
c) Gabe kleiner, abgemildeter, lebender Keime oder abgetöteter Erreger
d) Eigene Antikörperbildung
e) Langfristige Immunität (meist mehrere Jahre, seltener lebenslang)

Aufgabe 7
MKK Abb. 6.18

Die medizinisch wichtigsten Bakteriengruppen

Bitte benennen Sie die unten dargestellten Bakterien sowie jeweils 2 Infektionskrankheiten, für die sie verantwortlich sind:

1) Erreger ....
Krankheit 1 ....
Krankheit 2 ....
2) Erreger ....
Krankheit 1 ....
Krankheit 2 ....
3) Erreger ....
Krankheit 1 ....
Krankheit 2 ....
4) Erreger ....
Krankheit 1 ....
Krankheit 2 ....
5) Erreger ....
Krankheit 1 ....
Krankheit 2 ....

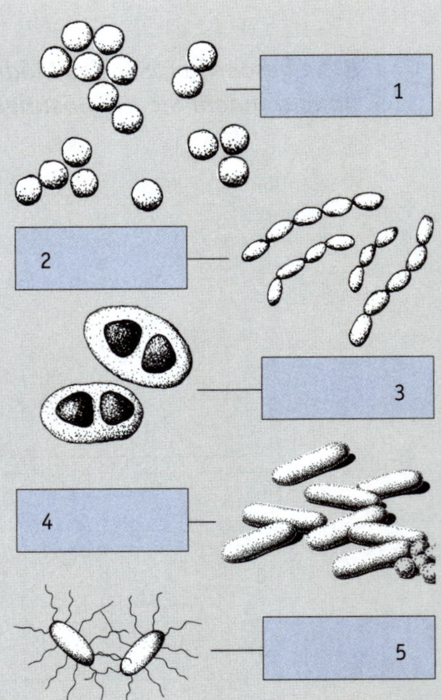

6

Allergische Reaktionsformen

Silbenrätsel

Aufgabe 8
MKK Abb. 6.13
BAP Abb. 6.15

a - al - gie - his - im - kine - kom - kom - kon - la - ler - ment - min - mun - na - phy - plan -ple - plex - ta - takt - tat - to - to - to - trans - xie - xisch - zy - zy

a) Im Rahmen einer allergischen Reaktion vom Soforttyp (Typ I) treten die Symptome der .... (Jucken, Ödeme, Blutdruckabfall, Konstriktion der Bronchien) innerhalb von wenigen Minuten oder gar Sekunden auf.

b) Die allergische Reaktion vom Soforttyp wird vor allem durch Ausschüttung von .... aus den Mastzellen ausgelöst.

c) Substanzen, die giftig oder zerstörerisch auf Zellen wirken, sind ....

d) Allergische Reaktionen vom Typ II kommen häufig vor, nachdem der/die Betroffene ein neues Organ erhalten hat. Die Allergie richtet sich also gegen das ....

e) Verbindung aus Antigen und Antikörper: ....

f) Bei der allergischen Reaktion vom Typ III schädigen Immunkomplexe das Gewebe, nachdem sie .... aktiviert haben.

g) Immunbotenstoffe, die unter anderem die Teilung und Aktivität von Lymphozyten regulieren, sind ....

h) Die Nickelallergie gehört zu den Typ-IV- oder Spätreaktionen. Sie ist eine ....

Infektionswege/Übertragungswege

Aufgabe 9
MKK 6.8.5

Welche Übertragungswege für Infektionen kennen Sie?

a) Sch................infektion
b) Tr.......................infektion
c) o.............. Infektion
d) par.................... Infektion
e) s...................... Infektion

Aufgabe 10
MKK 6.8.3

Infektionslehre

Eine Infektion durchläuft mehrere Stadien. Prüfen Sie die folgend genannten Stadien. Eines fehlt. Welches ist es?

a) Invasionsphase
b) Krankheitsausbruch
c) Überwindungsphase
d) ....

Aufgabe 11
MKK 6.10

Infektionslehre/Virale Infektionen

Bitte ergänzen Sie den folgenden Text über virale Infektionen:

Häufiger noch als von Bakterien werden wir Menschen von V.............. befallen. Diese kleinsten mikrobiologischen Erreger werden auch als „Sonderform des Lebens" bezeichnet, da sie nur aus E.......info.........tion und einer meist geometrisch geformten Vi..............lle bestehen und keinen eigenen Stoff................ haben. Um sich zu vermehren, müssen sie in eine W..........zelle eindringen und dort ihr Erbgut freisetzen. Das virale Erbgut wird in das Erbgut der Wirtszelle eingebaut, so daß die Wirtszelle gezwungen ist, tausendfach V.................tikel zu syn............sieren und zu komplexen Viren zusammenzusetzen. Anschließend stirbt die Wirtszelle unter Freisetzung der neuen Viren ab, die weitere Zellen i............zieren.

Aufgabe 12
MKK 6.10.4

Erworbenes Immundefektsyndrom – AIDS

Welche der folgenden Aussagen ist fasch?

a) Die Immunschwächekrankheit AIDS ist Folge einer Infektion mit dem Humanen Immundefizienz-Virus.

b) Da das Virus nur in Flüssigkeiten überleben kann, wird die Krankheit ausschließlich durch den Kontakt mit infizierten Körpersekreten weitergegeben.

c) Als Folge der Infektion werden die T-Helferzellen zerstört.

d) Über 80% der HIV-Infizierten versterben 6-24 Monate nach der Infektion.

e) Die meisten HIV-Infizierten sterben an opportunistischen Infektionen.

7 Muskeln, Knochen und Gelenke

Knochentypen und -formen

Aufgabe 1
MKK/BAP 7.1.2

Die Knochen des Skeletts werden entsprechend ihrer Form und Funktion in Knochentypen eingeteilt. Bitte ordnen Sie den nachfolgend aufgeführten Knochentypen je ein Beispiel zu:

1) Röhrenknochen	a) Handwurzelknochen
2) kurze Knochen	b) Brustbein
3) platte Knochen	c) Oberarmknochen

Der Röhrenknochen

Aufgabe 2
MKK/BAP Abb. 7.1

Bitte beschriften Sie die Abbildung mit Hilfe der folgenden Begriffe:

a) Metaphyse
b) distale Epiphyse
c) proximale Epiphyse
d) Knochenmarkhöhle
e) Gelenkknorpel
f) Spongiosa
g) Kompakta

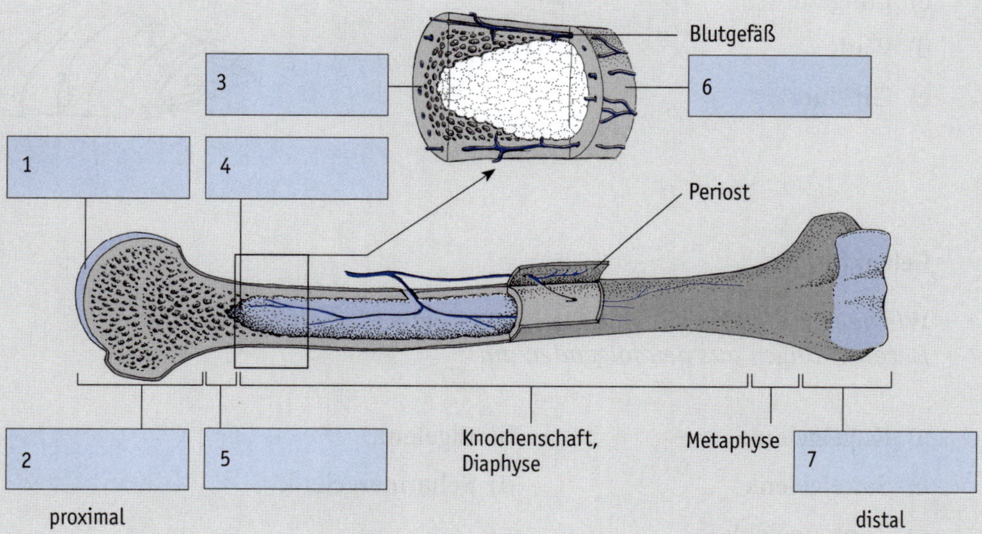

Aufgabe 3
MKK/BAP 7.1.3

Knochenaufbau

Welche Aussagen zum Aufbau des Knochens sind richtig?

a) Außerhalb der Gelenkflächen ist der Knochen von Knorpel umgeben.

b) Das Periost (Knochenhaut) enthält keine Nerven und ist nicht schmerzempfindlich.

c) Die Außenschicht des Knochens (Kortikalis) ist aus dichtem und sehr belastbarem Knochengewebe aufgebaut, während die zarten Knochenbälkchen der Spongiosa im Inneren des Knochens Platz lassen für das blutbildende Knochenmark.

d) Bei den Röhrenknochen ist die Kortikalis im Bereich der Diaphyse (Schaftanteil) relativ breit und wird dort „Kompakta" genannt.

e) Die Knochenbälkchen der Spongiosa sind genau in den Richtungen der Hauptbelastungsachsen des Knochens angeordnet.

Aufgabe 4
MKK Abb. 7.10

Gipsverband

Wo sind folgende Elemente des Gipsverbandes auf dem Bild?

a) Hautschutz
b) Kreppapier
c) Longette
d) Watte
e) Gipsbinde

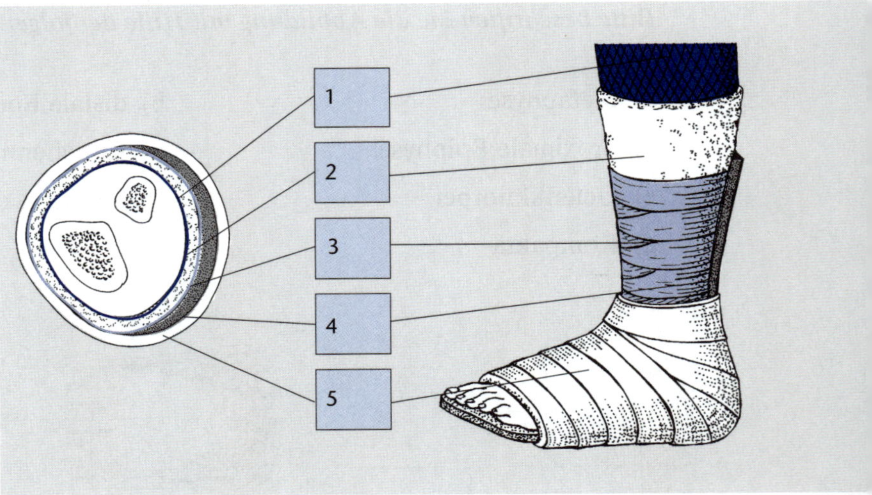

Aufgabe 5
MKK Abb. 7.12
BAP Abb. 7.8

Gelenkformen

Wie heißen die abgebildeten Gelenke? Wählen Sie die drei richtigen Bezeichnungen aus den folgenden aus:

a) Kugelgelenk
b) Eigelenk
c) Sattelgelenk
d) Scharniergelenk
e) Zapfengelenk

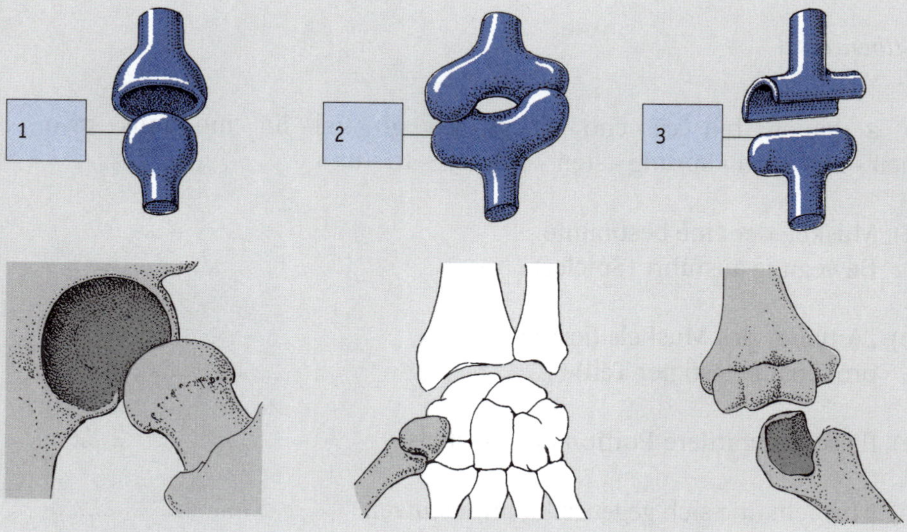

Gelenkformen

Aufgabe 6
MKK/BAP 7.2.4

Ordnen Sie bitte die folgenden Körpergelenke den richtigen Typen zu:

1) Radio-Ulnar-Gelenk	a) Eigelenk
2) proximales Handgelenk	b) Zapfengelenk
3) Schultergelenk	c) Scharniergelenk
4) Zeigefingergelenk	d) Kugelgelenk

Die Kontraktion des Skelettmuskels

Aufgabe 7
MKK/BAP 7.3.5

Nutzen Sie ihr Wissen über Nervenleitung und Skelettmuskel, um den folgenden Text zu ergänzen:

Im Gegensatz zu den anderen Muskelarten benötigt der Skelettmuskel einen Reiz von einer ....zelle (Moto............n), um sich kontrahieren zu können. Die Erregungsübertragung von Motoneuron zur Muskelfaser findet an der mo..............schen E................tte statt; der Überträgerstoff ist das A..............cholin. Die Erregung bewirkt, dass Ak.............- und My....................mente unter Energieverbrauch ineinandergleiten und so den Muskel kont..............ren. Unmittelbar nach einem Nervenreiz befindet sich der Muskel in einer kurzen Schutzpause, der Ref..............-periode, die eine Übererregung des Skelettmuskels vermeiden soll.

Aufgabe 8
MKK/BAP
7.3.2–7.3.5

Die Muskulatur

Silbenrätsel

a - a - bauch - bin - ce - cho - er - gi - glo - go - kel - lin - mo - mus - myo - neu - nist - ron - sprung - sten - syn - tyl - to - ur

a) Muskel, der eine bestimmte Bewegung ausführt (Spieler) ....

b) „Anfang“ des Muskels (kranial bzw. proximal befestigter Teil) ....

c) fleischige mittlere Portion des Muskels ....

d) Muskeln, die sich gegenseitig unterstützen ....

e) Sauerstoffträger im Muskel ....

f) besonderer Typ einer Nervenzelle im Muskel ....

g) chemischer Überträgerstoff (Neurotransmitter) im Muskel ....

Aufgabe 9
MKK/BAP 7.3

Unterschiedliche Muskelgewebe

Bitte ordnen Sie die Muskelgewebe den zugehörigen Kontraktionsformen zu:

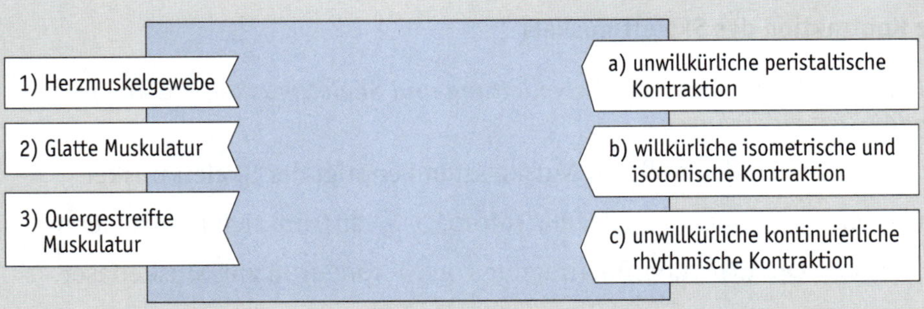

Krankhafte Muskelkontraktionen

Aufgabe 10
MKK 7.3.7

Bitte ordnen Sie zu:

1) Spasmus
2) Tremor
3) Faszikulieren

a) plötzliche unwillkürliche Kontraktion einer großen Muskelgruppe
b) ungewollte sichtbare kurze Zuckungen von Hautfaserbündeln unter der Haut
c) rhythmische ungewollte Kontraktionen entgegengesetzt wirkender Muskelgruppen

Muskelatrophie

Aufgabe 11
MKK 7.3.8

Bitte ergänzen Sie folgenden Text:

Als Muskelatrophie bezeichnet man das Sch...................... von Muskelmasse. Dies kann bei bettlägerigen Patienten auftreten oder bei Patienten mit einem Gipsverband. In diesen beiden Fällen ist die Ursache die Inak........................tät . Sie ist r................ibel durch Muskeltraining. Irreversibel kann aber eine n............gene Muskelatrophie sein.

Osteoporose

Aufgabe 12
MKK 7.4

Bitte ergänzen Sie den folgenden Text:

Bei alten oder längere Zeit bewegungseingeschränkten Menschen ist das .... zwischen Knochen.................... und -abbau zugunsten der Osteo.........sten gestört. Der Knochen verliert K.............m und wird brüchig; diesen Prozess nennt man Os.............se.

8 Der Bewegungsapparat

Bewegungsmöglichkeiten der Extremitäten

Aufgabe 1
MKK Abb. 8.2 + 8.52
BAP Abb. 8.2-8.3

Bitte ordnen Sie die folgenden Begriffe den auf der Abbildung dargestellten Bewegungsmöglichkeiten zu, indem Sie die Lösungsbuchstaben in die Kästchen eintragen (Mehrfachnennungen sind möglich):

a) Retroversion
b) Anteversion
c) Abduktion
d) Flexion
e) Pronation
f) Supination
g) Adduktion
h) Extension

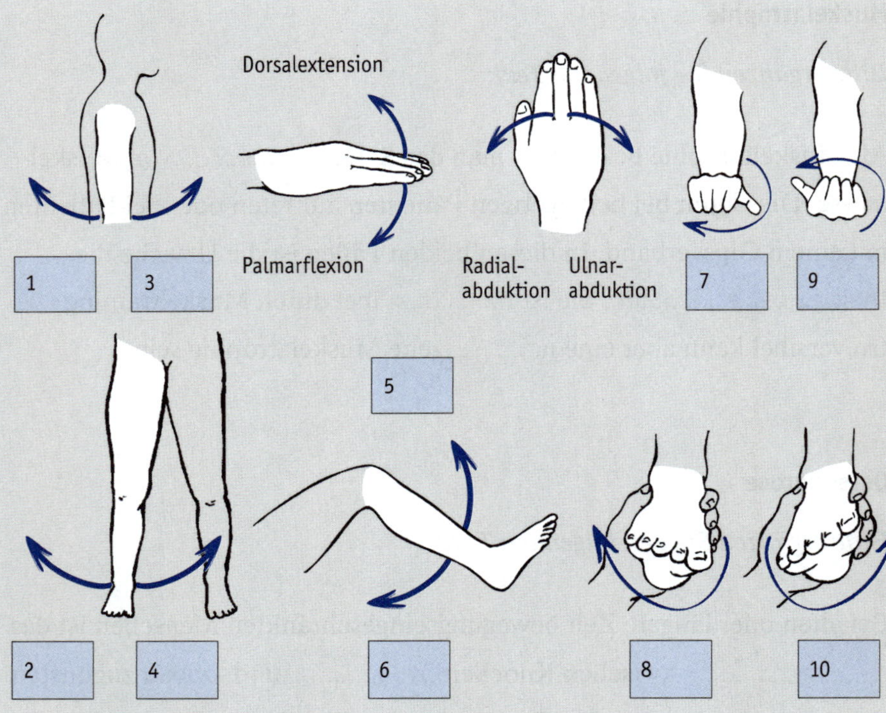

Die mimische Muskulatur

Aufgabe 2
MKK 8.2.7
BAP 11.5

Welcher Nerv „bewegt" die Gesichtsmuskeln?

a) Nervus (N.) maxillaris
b) N. trigeminus
c) N. oculomotorius
d) N. facialis
e) N. olfactorius

Die mimische Muskulatur und die Kaumuskulatur

Aufgabe 3
MKK 8.2.7 + 8.2.8
BAP 8.2.4 + Abb. 8.11

Bitte ordnen Sie zu:

1) Musculus (M.) masseter
2) M. orbicularis oris
3) M. orbicularis oculi

a) Schließt das Auge
b) Hebt den Unterkiefer, Mahlbewegungen
c) Formt die Lippen beim Sprechen

Die Schädelnähte

Aufgabe 4
MKK Abb. 8.10
BAP Abb. 8.8

Bitte beschriften Sie die Abbildung mit Hilfe folgender Begriffe:

a) Stirnbein (re. u. li.)
b) Scheitelbein (re. u. li.)
c) Hinterhauptsbein
d) Kranznaht
e) Lambdanaht
f) Pfeilnaht
g) Stirnfontanelle
h) Hinterhauptsfontanelle

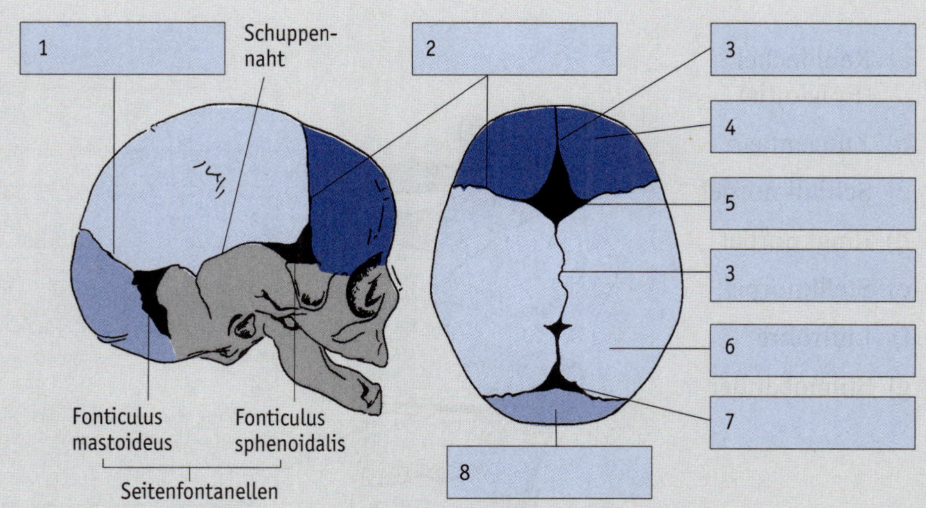

Aufgabe 5
MKK/BAP 8.3.1

Die Halswirbelsäule

Prüfen Sie die Aussagen. Welche ist falsch?

a) Die Halswirbelsäule hat 7 Wirbel.
b) Die besondere Konstruktion des 1. Halswirbels (Atlas) erlaubt die Drehbewegung des Kopfes.
c) Der 2. Halswirbel (Axis) erlaubt die Drehbewegung des Kopfes.
d) Der 7. Halswirbel springt am weitesten rückenwärts vor und läßt sich gut durch die Haut tasten.

Aufgabe 6
MKK/BAP 8.3.1

Halsmuskulatur

Welcher Muskel verbindet Kopf und Brust und ermöglicht Drehung und Vorbeugung des Kopfes?

a) M. scalenus anterior
b) Platysma
c) M. sternocleidomastoideus
d) M. longus colli

Aufgabe 7
MKK Abb. 8.14
BAP Abb. 17.6

Der Kehlkopf

Bitte beschriften Sie die Abbildung mit folgenden Begriffen:

a) Kehldeckel (Epiglottis)
b) Zungenbein
c) Schildknorpel
d) Ringknorpel
e) Stellknorpel
f) Luftröhre
g) Stimmbänder

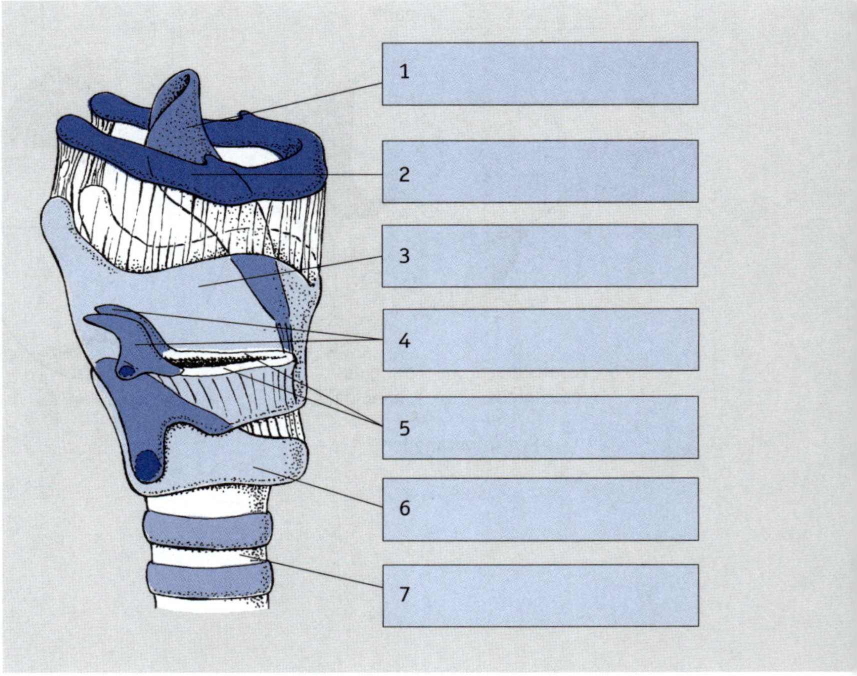

8

Die Wirbelsäule

Aufgabe 8
MKK/BAP 8.3.2

Die Wirbelsäule hat 24 freie Wirbelkörper. Bitte teilen Sie den einzelnen Abschnitten der Wirbelsäule die richtige Anzahl Wirbel zu und ergänzen Sie den Text:

a) Halswirbelsäule (HWS): ....Wirbel

b) Brustwirbelsäule (BWS): ....Wirbel

c) Lendenwirbelsäule (LWS): ....Wirbel

Nach kaudal schließen sich noch einige verknöcherte bzw. verkümmerte Wirbel an. Das K..............bein wird von 5 S...............wirbeln gebildet, die zu einem kompakten Knochen verschmolzen sind. Etwa 4 verkümmerte St...........wirbel bilden das St...........bein.

Aufbau der Wirbelsäule

Aufgabe 9
MKK Abb. 8.22
BAP Abb. 8.16

Bitte benennen Sie die Abschnitte und Krümmungen der Wirbelsäule.

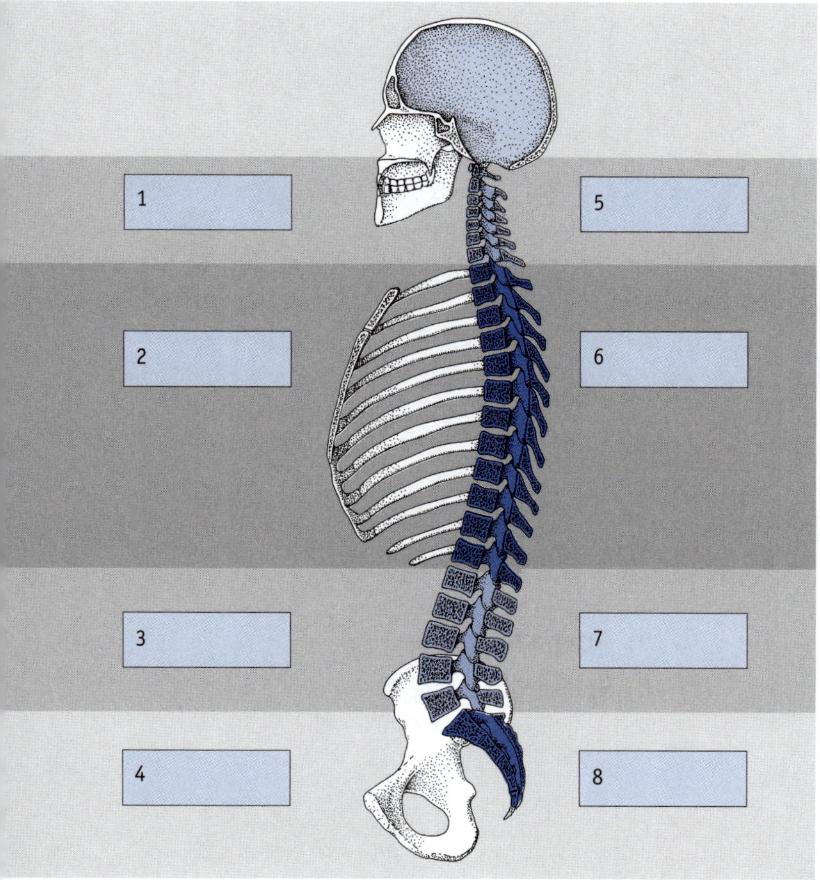

a) Kyphose (2mal)

b) Lordose (2mal)

c) HWS

d) BWS

e) LWS

f) Kreuzbein

Aufgabe 10
MKK/BAP 8.3.2

Aufbau eines Wirbelkörpers

Bitte ordnen Sie zu:

1) Wirbelkörper	a) Durchtrittsstelle für Spinalnerven
2) Wirbelloch	b) gewichtstragender Teil der WS
3) Dornfortsatz	c) nach hinten zeigender Knochenfortsatz
4) Zwischenwirbelloch	d) Durchtrittsstelle für das Rückenmark

Aufgabe 11
MKK Abb. 8.31
BAP Abb. 8.17

Rückenschule

Welche der beiden Haltungen ist die richtige beim Bücken und Heben (bitte ankreuzen)?

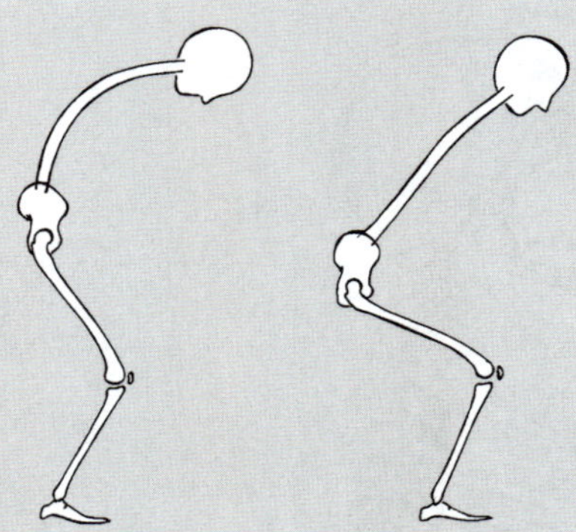

1 ☐ 2 ☐

Aufgabe 12
MKK 8.3.7
BAP 8.3.6

Das Zwerchfell

Welche wichtigen Organe oder Gefäße treten durch das Zwerchfell?

a) Aorta
b) Arteria femoralis
c) Vena cava superior
d) Speiseröhre
e) Vena cava inferior

Frontalansicht des Brustkorbs

Aufgabe 13
MKK Abb. 8.33
BAP Abb. 8.22

Bitte kennzeichnen Sie die folgenden anatomischen Elemente:

a) Schlüsselbein (Clavicula)
b) Brustbein (Sternum)
c) Handgriff des Brustbeins (Manubrium sterni)
d) Rippen
e) Processus xiphoideus
f) Rippenbogen

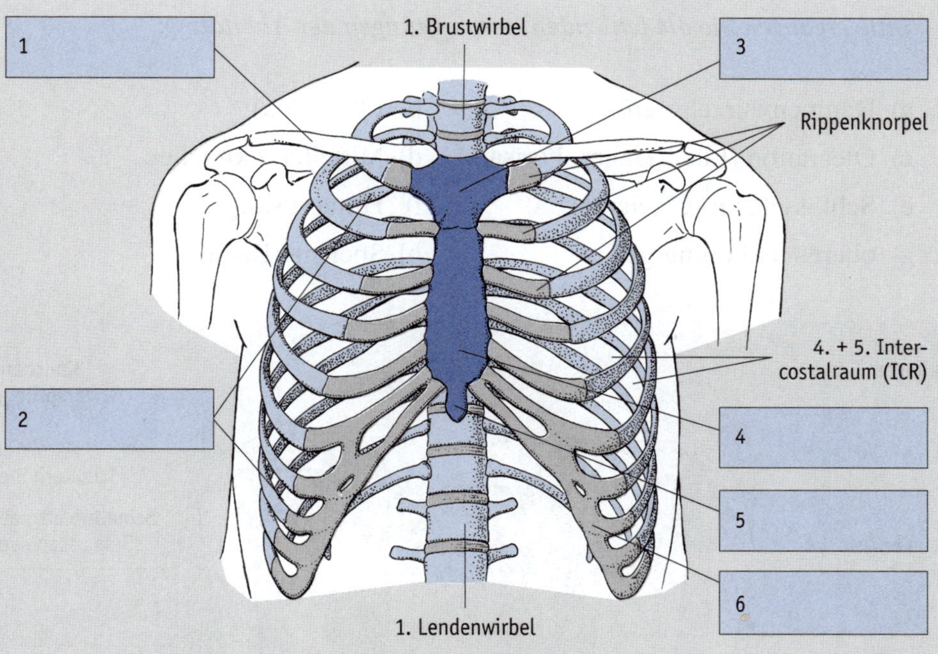

Bauchmuskulatur

Aufgabe 14
MKK 8.3.8
BAP 8.3.7

Bitte ordnen Sie die Muskeln und ihre Eigenschaften einander zu:

1) Musculus (M.) rectus abdominis (gerader Bauchmuskel)
2) M. transversus abdominis (querer Bauchmuskel)
3) M. obliquus externus
4) M. obliquus internus

a) Verlauf entspricht Armhaltung bei in den Hosentaschen steckenden Händen
b) oberflächlichster Bauchmuskel, Verlauf durch 3 Zwischensehnen unterbrochen (bei Sportlern gut sichtbar)
c) fächerförmiger Verlauf vom Darmbein zur Mitte
d) tiefste Schicht der Bauchwandmuskulatur

Aufgabe 15
MKK/BAP 8.5

Schultergelenk

Welcher der folgenden Knochen birgt die Gelenkpfanne für das Schultergelenk?

a) Schlüsselbein (Clavicula)
b) Brustbein (Sternum)
c) Schulterblatt (Scapula)
d) Humerus (Oberarmknochen)

Aufgabe 16
MKK Abb. 8.50
BAP Abb. 8.27

Obere Extremitäten

Bitte ergänzen Sie die fehlenden Beschriftungen der Abbildung:

a) Daumenwurzelgelenk
b) Elle (Ulna)
c) Olecranon (Ellen-Haken-Fortsatz)
d) Mittelhandknochen
e) Schlüsselbein (Clavicula)
f) Humeruskopf
g) oberes Radioulnargelenk
h) Speiche (Radius)

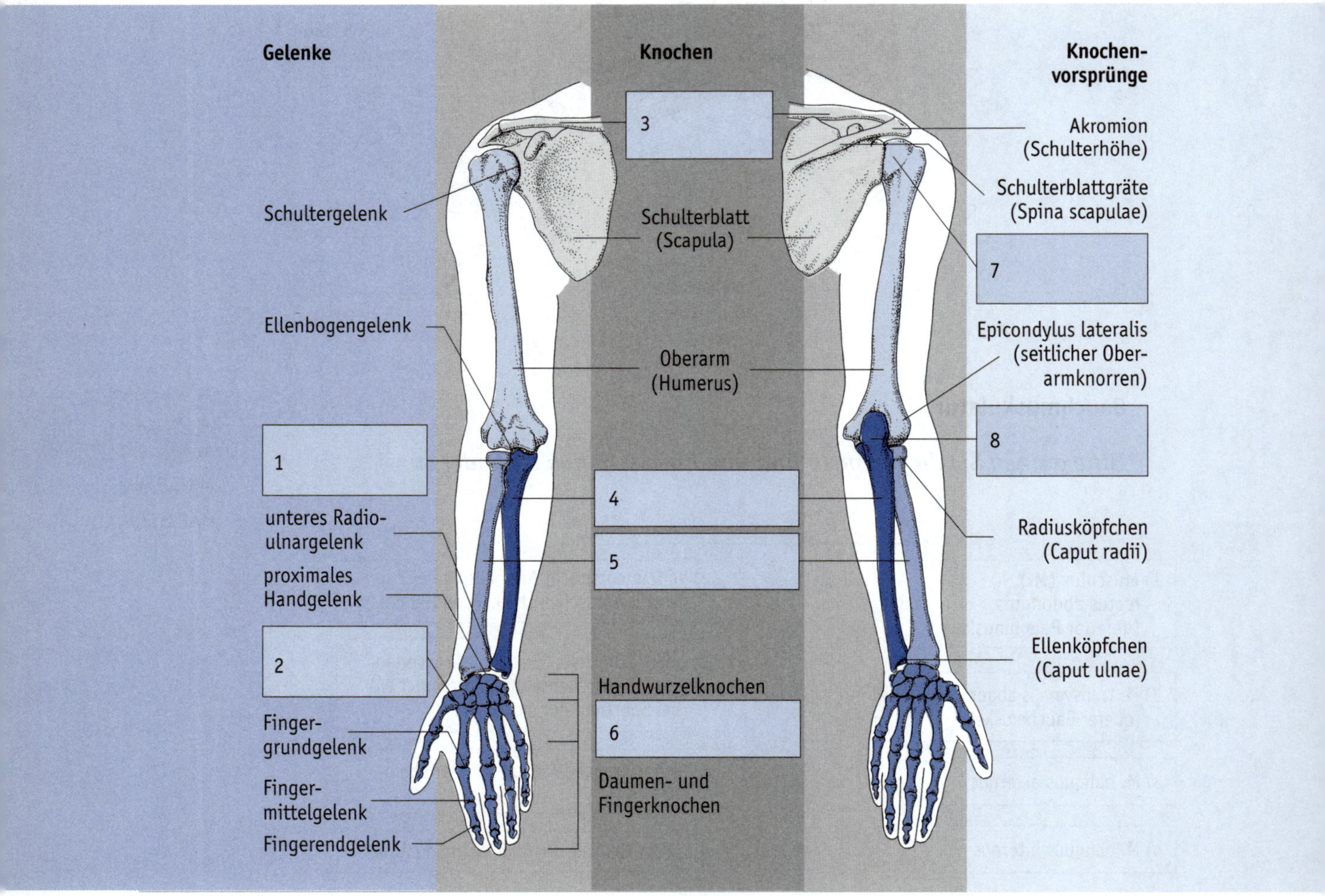

8

Der Unterarm

Aufgabe 17
MKK/BAP 8.6.2

Welche Aussage ist falsch?

a) Die Elle weist an ihrem Ende einen großen hakenförmigen Fortsatz auf, der Olecranon genannt wird (= Ellenbogenspitze).

b) Elle und Speiche sind über zwei Gelenke (oberes und unteres Radioulnargelenk) beweglich miteinander verbunden.

c) Wenn man einen **Sup**penlöffel zum Essen in die Hand nimmt, führt man eine **Sup**inationsbewegung durch.

d) Alle Muskeln, die das Handgelenk bewegen, haben ihren Ursprung am Unterarm.

e) Die Speiche liegt auf der Seite des Daumens, also lateral der Elle.

Handskelett und Muskulatur der Hohlhand

Aufgabe 18
MKK Abb. 8.56
BAP Abb. 8.36 + 8.39

Bitte benennen Sie die unbenannten Strukturen auf der Darstellung:

a) Mittelhandknochen
b) Fingerendgelenk
c) Erbsenbein
d) Kahnbein
e) Mondbein
f) Retinaculum flexorum
g) Karpaltunnel
h) Elle (Ulna)

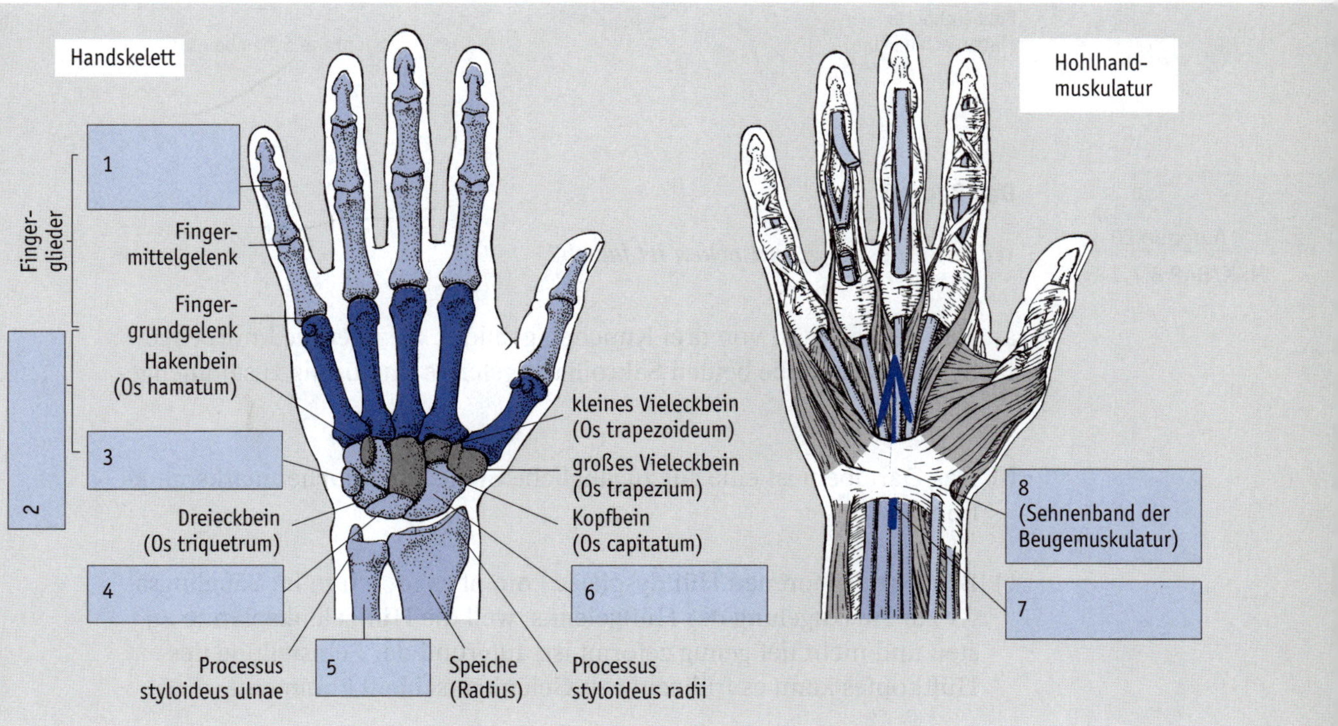

Aufgabe 19
MKK Abb. 8.61
BAP Abb. 8.41

Das Becken

Bitte beschriften Sie die Abbildung:

a) Darmbeinschaufel
b) Sitzbein (Os ischii)
c) Hüftloch (Foramen obturatum)
d) Schambein (Os pubis)
e) Hüftgelenksfläche
f) Hüftgelenkspfanne (Acetabulum)

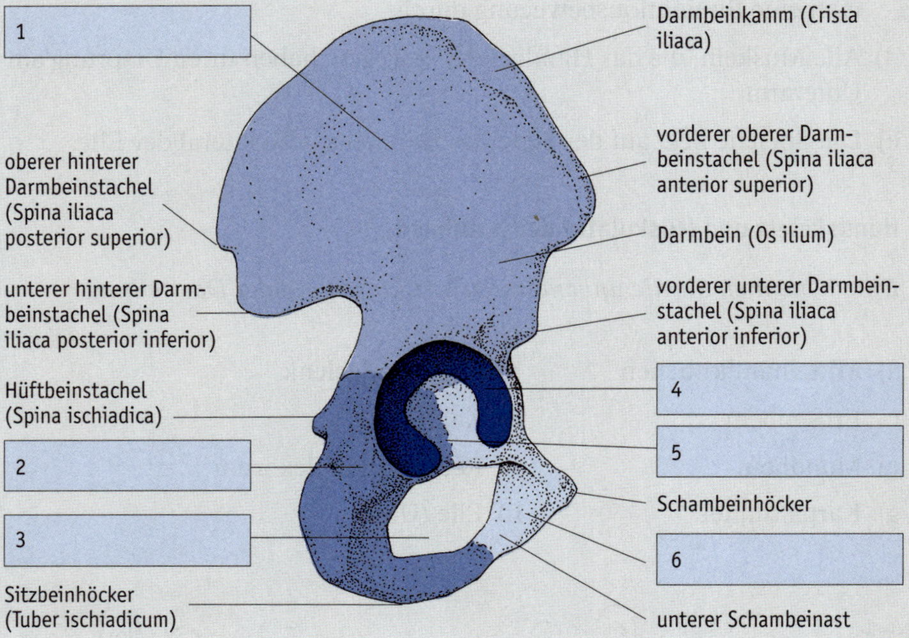

Aufgabe 20
MKK/BAP 8.7.1

Das Becken

Welche Aussage zum Becken ist falsch?

a) Das Becken wird von drei Knochen gebildet, die über die knorpelige Symphyse und die beiden Sakroiliakalgelenke ringförmig zusammengefügt sind.

b) Das Darmbein ist eine gut zugängliche Stelle zur Knochenmarkspunktion.

c) Bei der angeborenen Hüftdysplasie kommt es oft schon im Säuglingsalter zur Auskugelung des Hüftgelenks, weil die Hüftgelenkspfanne zu steil und nicht tief genug geformt ist; aufgrund der Fehlstellung des Hüftkopfes kann es frühzeitig zu Gelenkverschleiß kommen.

d) Die erheblichen Unterschiede zwischen männlichem und weiblichem Becken können bisher biologisch nicht erklärt werden.

e) Der nach unten offene Beckenausgang wird von einer Platte aus Muskeln und Bändern abgeschlossen, dem Beckenboden.

Beuger und Strecker im Hüftgelenk

Aufgabe 21
MKK/BAP 8.7.3

Welche Muskeln sind Beuger oder Strecker im Hüftgelenk?

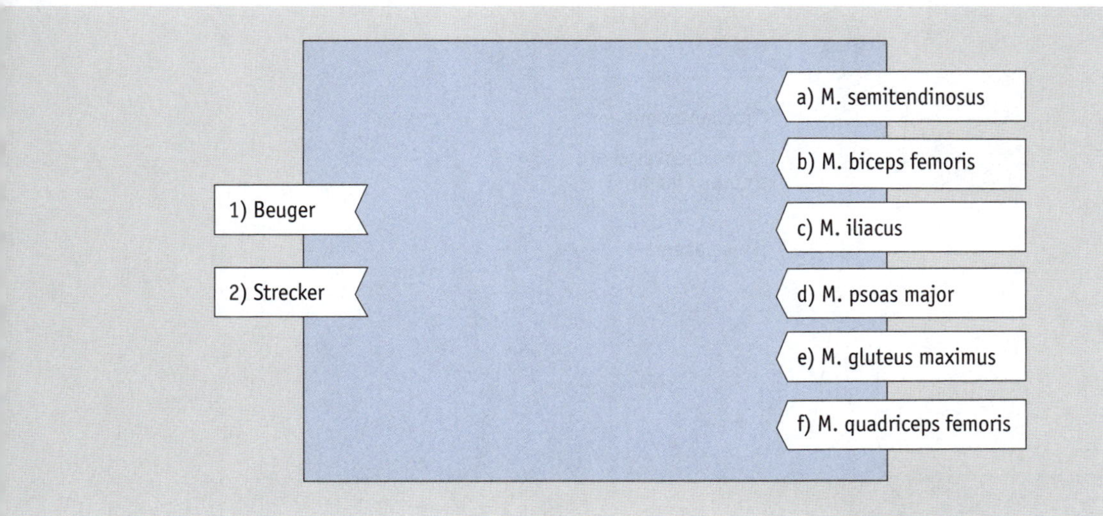

Das Kniegelenk

Aufgabe 22
MKK 8.8.2

Welche der folgenden Aussagen stimmt nicht?

a) Der proximale Anteil des Kniegelenks besteht aus dem Trochanter major.

b) Der distale Anteil des Kniegelenks besteht aus den beiden Kondylen der Tibia und dem Fibiaköpfchen.

c) Die durch die Haut tastbare Kniescheibe (Patella) bildet den ventralen Anteil des Kniegelenks.

d) Der Gelenkspalt wird unter anderem durch die Menisken (Innen- und Außenmeniskus) abgepolstert.

Aufgabe 23
MKK Abb. 8.75
BAP Abb. 8.50

Oberschenkelknochen

Die Abbildung zeigt den rechten Oberschenkelknochen. Bitte benennen Sie die Strukturen:

a) Epicondylus lateralis
b) Trochanter major
c) Kniegelenkfläche
d) Schenkelhals

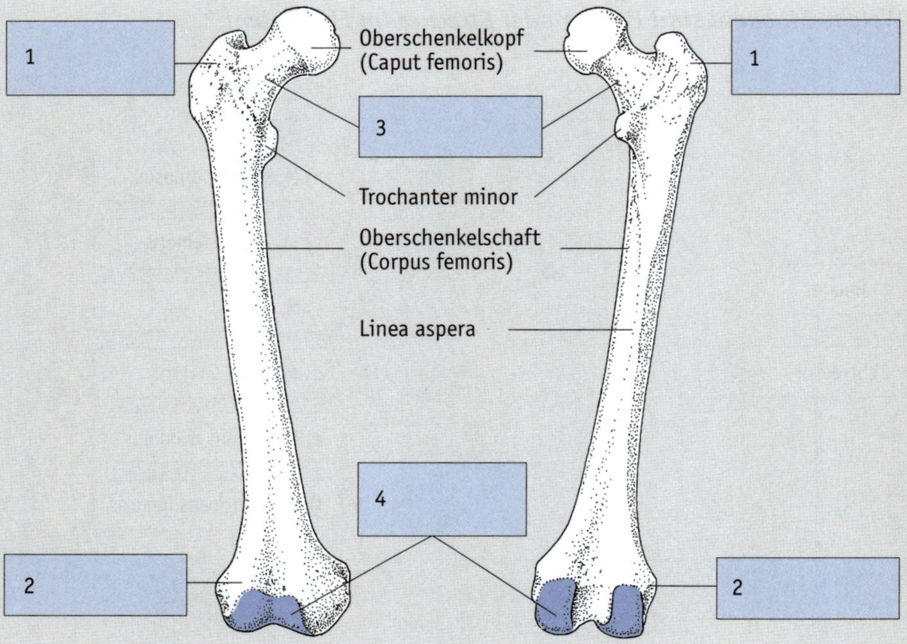

Aufgabe 24
MKK/BAP 8.8.4

Die Sprunggelenke

Bitte ordnen Sie zu:

1) oberes Sprunggelenk
2) unteres Sprunggelenk

a) wird gebildet vom Sprungbein, Fersenbein und Kahnbein
b) hebt und senkt den Fuß
c) proniert und supiniert den Fuß
d) wird gebildet von Sprungbein, Schien- und Wadenbein
e) hohe Verletzungsrate des Bandapparates

Das Knochengerüst des Fußes

Aufgabe 25
MKK Abb. 8.90
BAP Abb. 8.57

Bitte setzen Sie die folgenden Bezeichnungen (bzw. Lösungsbuchstaben) an die richtigen Stellen in der Abbildung:

a) Calcaneus (Fersenbein)
b) Talus (Sprungbein)
c) 1. Mittelfußknochen
d) Großzehengrundglied
e) Großzehenendglied

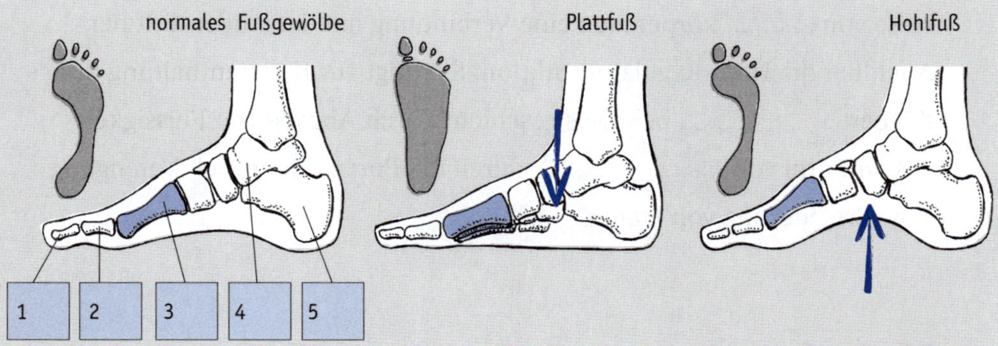

Fehlstellungen des Fußes

Aufgabe 26
MKK 8.8.4

Bitte ordnen Sie die Beschreibungen den Fußfehlstellungen zu:

1) Plattfuß
2) Hohlfuß

a) schwacher Bandapparat/hohe Belastung
b) Steilstellung von Mittelfußknochen oder Felsenbein
c) Störung des Muskelgleichgewichts im Fußgewölbe
d) oft in Kombination mit Knickfuß, wobei das Sprungbein über das Felsenbein nach medial abrutscht

Die Haut

Funktionen der Haut

Aufgabe 1
MKK/BAP 9.1

Der Haut kommen einige wichtige Aufgaben zu. Um welche handelt es sich maßgeblich? Bitte ergänzen Sie den folgenden Text:

Die Haut sch............... den Körper vor schädlichen Umwelteinflüssen. Wie Augen und Ohren ist die Haut ein wesentliches Sinnesorgan. Sie stellt mit Hilfe von ....körperchen eine Verbindung mit der Außenwelt her. Auch hat die Haut Regulatorfunktion. Sie trägt zur Konstanthaltung der Körpert...................... bei. Dies geschieht durch Abgabe von Flüssigkeit z.B. in Form von .... durch die Poren oder durch Verengung bzw. Erweiterung von Hautg.................. .

Injektionsformen

Aufgabe 2
MKK Abb. 9.5
BAP Abb. 9.3

Die Haut ist Applikationsort oder Durchtrittspforte für Injektionen. Benennen Sie die dargestellten Injektionsarten:

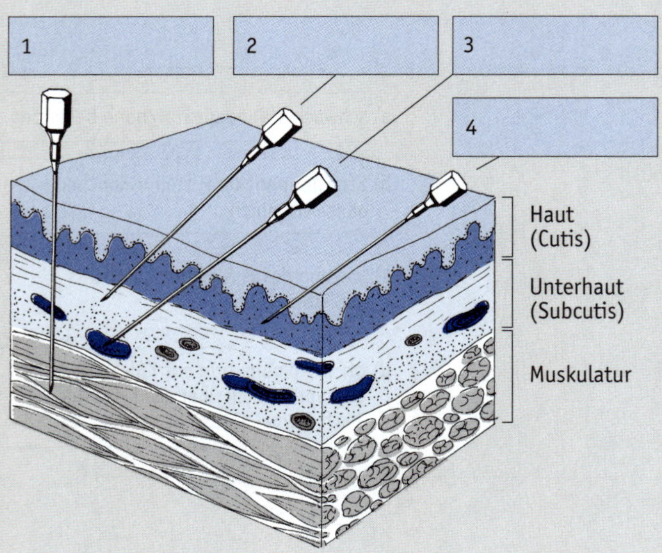

Hautschichten und deren Eigenschaften

Aufgabe 3
MKK/BAP 9.2.1

Bitte ordnen Sie die Begriffe sinnvoll zu. Einer der Begriffe aus der ersten Spalte erhält zwei Zuordnungen:

1) Basalzellschicht
2) Stachelzellschicht
3) Körnerschicht
4) Hornschicht
5) Stratum lucidum

a) Korneozyten
b) nur an Handtellern und Fußsohlen
c) sich ständig teilende längliche Zellen
d) bildet Gerüst, das die Epidermis stabil hält
e) Umwandlung von Keratino- in Keratozyten
f) Merkel'sche Scheibe

Hautanhangsgebilde

Aufgabe 4
MKK Abb. 9.7
BAP Abb. 9.2

Die Graphik zeigt einen Schnitt durch die Haut mitsamt ihren Anhangsgebilden. Bitte ergänzen Sie die Bezeichnungen der einzelnen Strukturen:

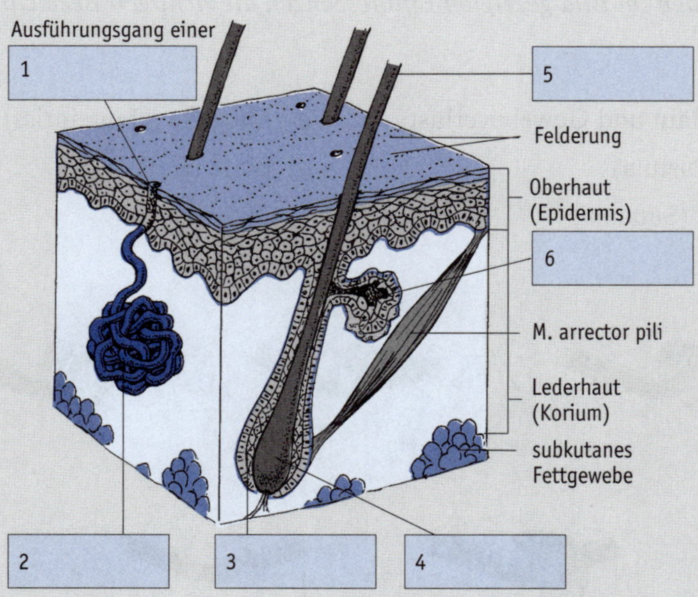

Aufgabe 5
MKK 9.5

Verschiedene Hauterkrankungen

Ordnen Sie den genannten Hauterkrankungen jeweils 2 Eigenschaften oder Begriffe zu:

1) Neurodermitis
2) Akne
3) Pilzinfektion

a) Verstopfung von Talgdrüsen
b) Prinzip der „Feuchten Kammer"
c) Unterfunktion der Talg- und Schweißdrüsen
d) Mitesser, Pickel
e) symmetrischer Befall insbesondere der Gelenkbeugen
f) Infektiosität des schuppigen Materials der befallenen Hautoberfläche

Aufgabe 6
MKK Abb. 9.10

Hautveränderungen

Ordnen Sie den im Bild gezeigten Effloreszenzen die richtigen Bezeichnungen zu:

a) Ulkus (Haut und Gewebeverlust)
b) Rhagade (Hauteinriss)
c) Pustel (Pustula)
d) Blase (Bulla)
e) Schuppe (Squama)

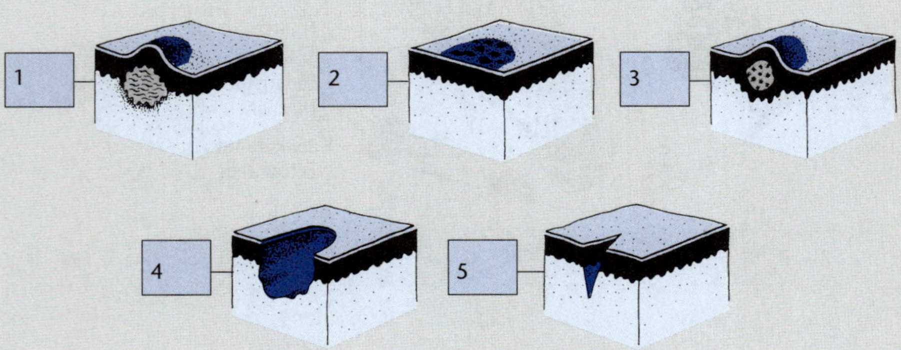

Dekubitus

Aufgabe 7
MKK Abb. 9.18

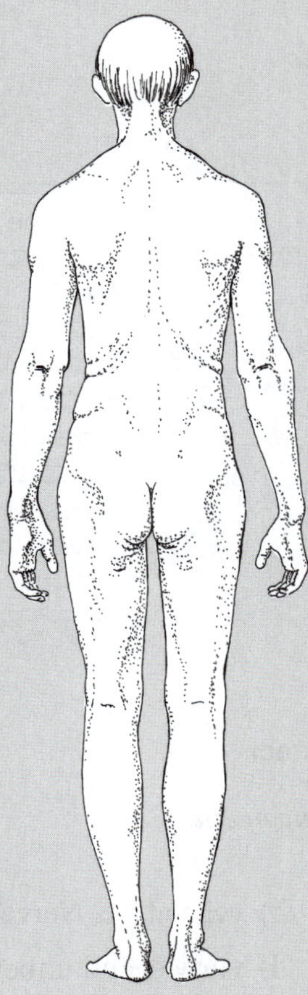

Markieren Sie die durch Dekubitus gefährdeten Regionen des Körpers auf der Abbildung mit Kreisen. Bedenken Sie dabei, daß vor allem die typischen Druckstellen im Liegen betroffen sind!

Schreiben Sie die Bezeichnung der Region daneben.

Wie kann man Dekubitus am sinnvollsten vorbeugen?

....

....

....

....

....

....

....

....

Malignes Melanom

Aufgabe 8
MKK/BAP 9.2.1

Bitte ergänzen Sie den folgenden Text:

In der Basal- und Stachelzellschicht findet man die M.................. . Sie produzieren ein Pigment, das M............, das der Haut seine Farbe gibt und die tieferen Hautschichten vor schädlichem UV-Licht schützt. Bei übermäßiger S............bestrahlung können die Melanozyten allerdings selbst Schaden nehmen und sich in T.................len verwandeln. Es kann dann ein m........... M.............. entstehen, ein bösartiger Hauttumor, der außer in Frühstadien kaum erfolgreich behandelt werden kann.

Das Nervengewebe

Aufgabe 1
MKK/BAP 10.1

Zentrales und peripheres Nervensystem

Bitte ordnen Sie die Begriffe einander zu:

Aufgabe 2
MKK/BAP
Abb. 10.3

Willkürliches und vegetatives Nervensystem

Bitte tragen Sie die richtigen Bezeichnungen ein:

a) willkürliches Nervensystem
b) vegetatives Nervensystem
c) vorwiegend bewusste Steuerung
d) vorwiegend unbewusste Steuerung

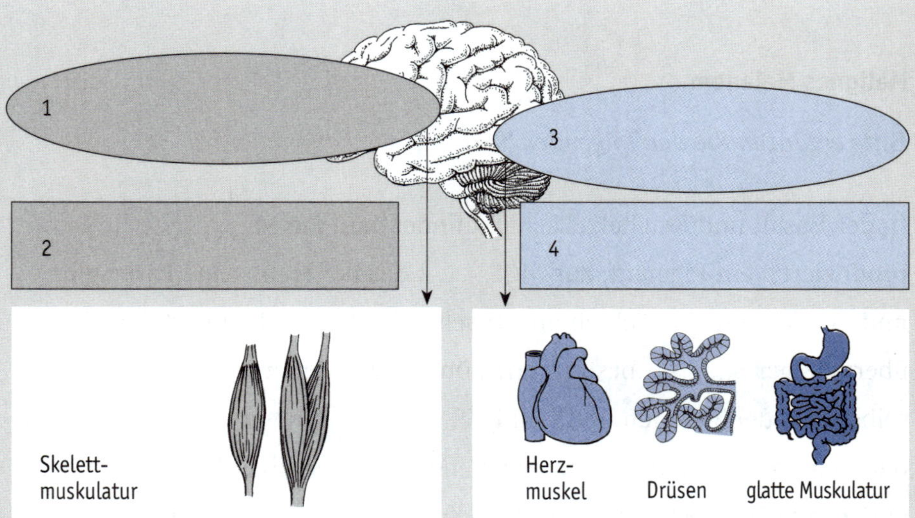

10

Aufbau einer Nervenzelle

Aufgabe 3
MKK/BAP
Abb. 10.5

Bitte setzen Sie die folgenden Begriffe an die richtige Stelle:

a) Axonhügel
b) Markscheide
c) Zellkörper
d) Axon
e) Zellkern
f) präsynaptische Endköpfe
g) Dendriten

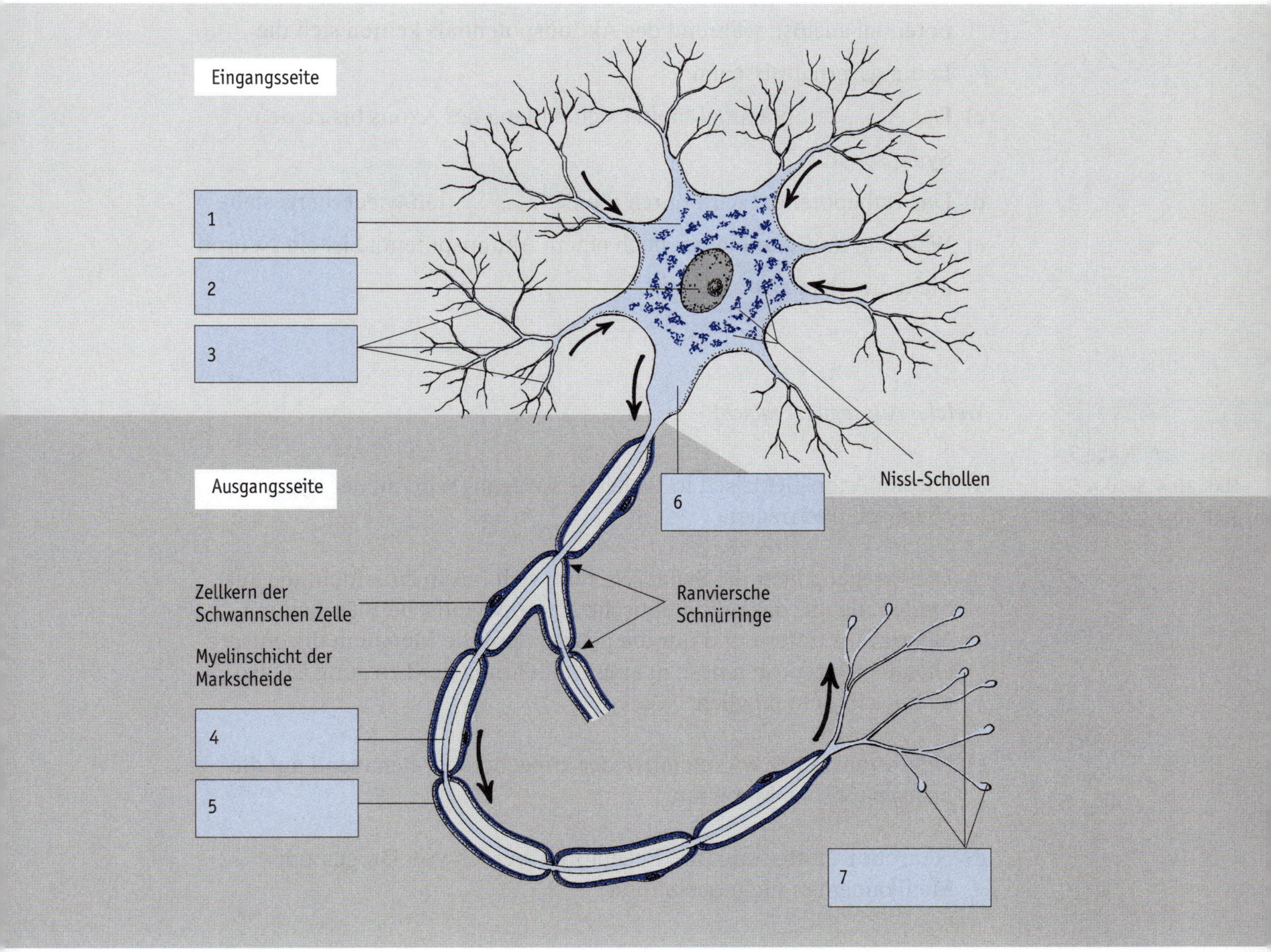

Aufgabe 4
MKK/BAP 10.3

Die Funktion des Neurons

Bitte vervollständigen Sie die nachfolgenden Aussagen:

a) An der Membran einer nicht erregten Nervenzelle besteht eine elektrische Spannung, das R.........p...............l (Innenseite negativ, Außenseite positiv).

b) Durch D.......l..........tion kann das Membranpotential einen kritischen Wert erreichen, der nach dem Alles-oder-Nichts-Prinzip ein Aktionspotential auslöst; während des Aktionspotentials kehren sich die Ladungsverhältnisse um.

c) Das A..............potential breitet sich entlang des Axons bis zu den Synapsen aus.

d) Das Ruhepotential wird durch die Re...............tion wiederhergestellt.

e) Während und unmittelbar nach einem Aktionspotential ist ein Neuron nicht erregbar, also r.........tär.

Aufgabe 5
MKK 10.4.3-10.4.5
BAP 10.4.2-10.4.3

Welche Aussage ist falsch?

a) Die am Axon elektrisch fortgeleitete Erregung wird an der Synapse chemisch übertragen.

b) Die Erregung über die Synapsen kann sich nur in *eine* Richtung ausbreiten, da nur das präsynaptische Axon synaptische Bläschen mit Neurotransmittern und nur die postsynaptische Membran die entsprechenden Rezeptoren besitzt; eine Umkehrung der Erregung ist also technisch nicht möglich.

c) Neurotransmitter wirken entweder erregend oder hemmend auf die postsynaptische Membran.

d) Neurotransmitter und ihre Rezeptoren werden von Drogen oder Medikamenten nicht beeinflusst.

Zusammenarbeit von Neuronen und Synapsen

Aufgabe 6
MKK Abb. 10.13
BAP Abb. 10.10

Bitte setzen Sie folgende Begriffe an die richtige Stelle:

a) präsynaptische Membran
b) Rezeptor
c) Neurotransmitter
d) synaptischer Spalt
e) postsynaptische Membran

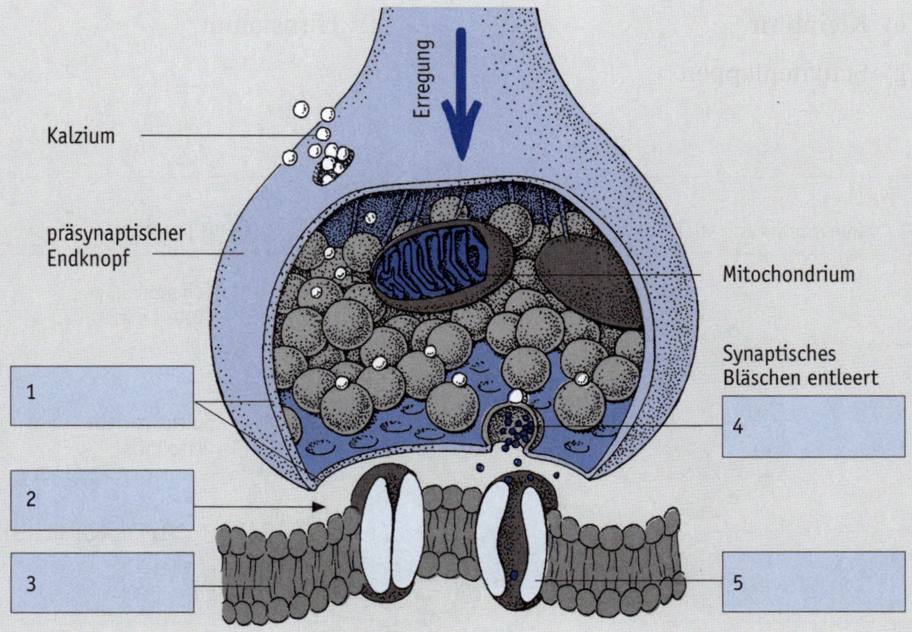

Diagnostische Methoden bei Erkrankungen des Nervengewebes

Aufgabe 7
MKK 10.7
BAP 10.5

Bitte ergänzen Sie:

Die Aktivität des Gehirns (Encephalon) wird mit Hilfe der Elektro-..................graphie (EEG) gemessen. Die Nervenleitgeschwindigkeit kann mit der Elektro............graphie (ENG) bestimmt werden. Bei Verdacht auf einen Tumor im Kopfinneren (Kopf = Cranium) kann dieser durch die Cr.......ale C......p...t............graphie oder die K......sp.....t.........graphie (KST, NMR) lokalisiert werden. Mit den Erkrankungen des Nervensystems befasst sich die N.........logie, mit den Störungen des Gemütszustandes beschäftigt sich die Psy..........rie.

Das Nervensystem

Aufgabe 1
MKK Abb. 11.5
BAP Abb. 11.4

Lage der Hirnstrukturen

Bitte beschriften Sie die Abbildung:

a) Stirnlappen
b) Vordere Zentralwindung
c) Hintere Zentralwindung
d) Hinterhauptslappen
e) Kleinhirn
f) Hirnstamm
g) Schläfenlappen

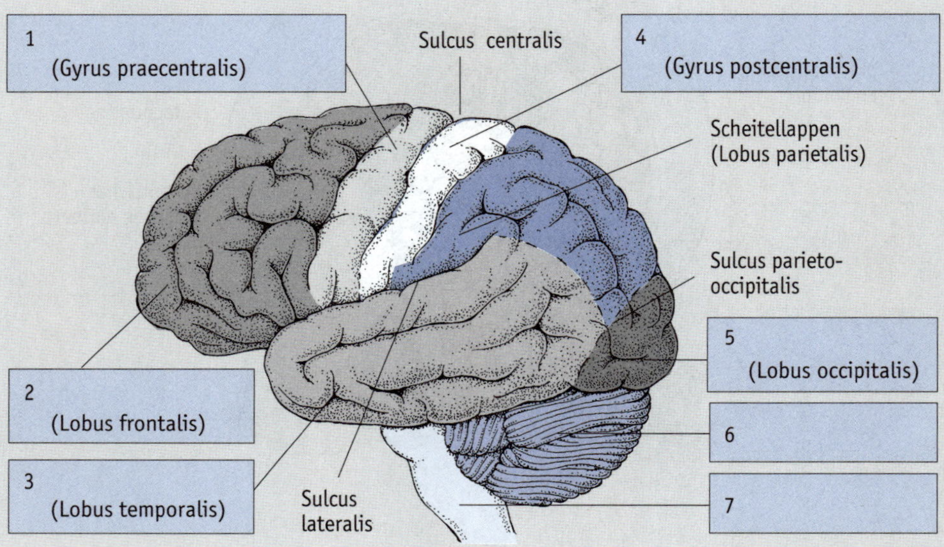

Aufgabe 2
MKK 11.3
BAP 11.2.1

Der Aufbau des Großhirns

Welche Strukturen gehören nicht zur weißen Substanz des Großhirns?

a) Assoziationsbahnen
b) Basalganglien
c) Balken
d) Thalamus
e) Pyramidenbahn (Projektionsbahn)

Hirnstrukturen

Aufgabe 3
MKK 11.4-11.9
BAP 11.2-11.6

Bitte ordnen Sie zu:

1) Großhirn
2) Kleinhirn
3) Hirnstamm
4) Zwischenhirn

a) Besonders wichtig für die motorische Feinsteuerung des Körpers
b) Hier sind die Bahnsysteme für Regelkreise, wie das Herz/Kreislaufzentrum, das Atemzentrum sowie verschiedene Reflexzentren
c) Oberstes Hirnzentrum; Entstehungsort bewusster Empfindungen und Handlungsabläufe sowie des Gedächtnisses
d) Schaltstelle zwischen Großhirn und Hirnstamm, Informationsfilter, Steuerung zahlreicher Körperfunktionen

Rindenfelder

Aufgabe 4
MKK Abb. 11.7
BAP Abb. 11.6

Bitte ordnen Sie die nachfolgend genannten Rindenfelder ihrer Lokalisation auf der Hirnrinde zu:

a) Sehzentrum
b) Hörzentrum
c) primär motorisches Rindenfeld
d) primär sensorisches Rindenfeld

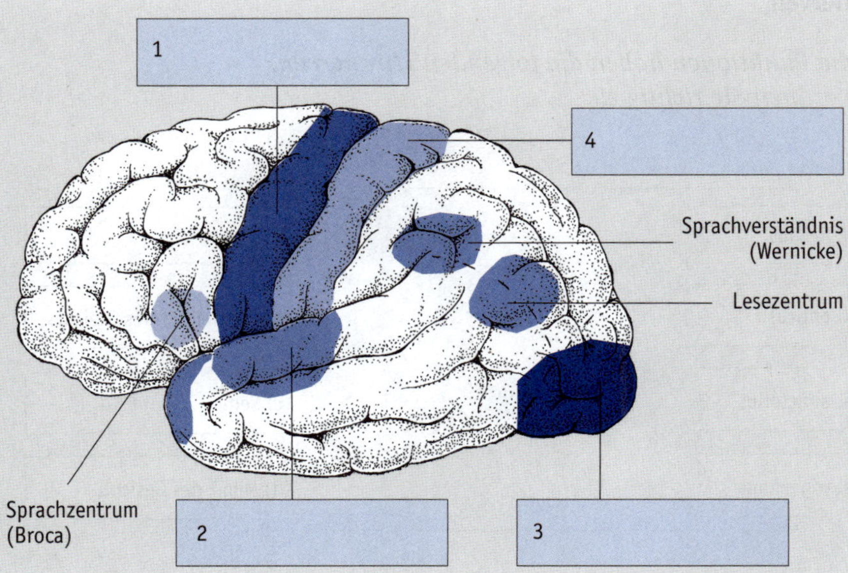

Aufgabe 5
MKK 11.6-11.7
BAP 11.3-11.4

Zwischenhirn, Hirnstamm und Formatio reticularis

Bitte lösen Sie folgendes Silbenrätsel:

an - drü - fil - for - hangs - hirn - hor - hy - la - ma - mo - mus - ne - po - se - tert - tha - tio

a) Der .... ist dem vegetativen Nervensystem übergeordnet und koordiniert wichtige Körperfunktionen wie Wärmeregulation, Wasserhaushalt, Kreislauffunktionen, Nahrungs- und Flüssigkeitsaufnahme usw.

b) Die .... (Hypophyse) steht über den Hypophysenstiel mit dem Hypothalamus in Verbindung; der Hypophysenvorderlappen ist die wichtigste übergeordnete Hormondrüse des Körpers.

c) In den Kerngebieten des Hypothalamus werden wichtige .... gebildet, die entweder über Nerven in den Hypophysenhinterlappen oder auf dem Blutweg in den Hypophysenvorderlappen transportiert werden.

d) Damit die Großhirnrinde nicht von Signalen aus Körper und Umwelt überflutet wird, filtert der .... die ankommenden Informationen und lässt nur die wirklich wichtigen Signale passieren.

e) Die .... reticularis, die sich vom Mittelhirn bis in das verlängerte Mark erstreckt, spielt bei der Steuerung der Bewußtseinslage und des Schlaf-Wach-Rhythmus eine entscheidende Rolle.

Aufgabe 6
MKK 11.8
BAP 11.5

Hirnnerven

Welche Funktionen haben die folgenden Hirnnerven?
Bitte ordnen Sie richtig zu:

1) N. facialis	a) Riechen
2) N. opticus	b) Sensibilität des Gesichts
3) N. olfactorius	c) Sehen
4) N. trigeminus	d) Mimik des Gesichts

Reflexe

Aufgabe 7
MKK Abb. 11.26
BAP Abb. 11.21

1) *Welcher Reflextyp wird auf der Abbildung dargestellt?*

   a) Fremdreflex b) Eigenreflex c) Viszeraler Reflex

2) *Können Sie die fehlenden Angaben zwischen dem Schmerzrezeptor in der Haut und dem Rückenmark bzw. zwischen Rückenmark und Armmuskulatur ergänzen?*

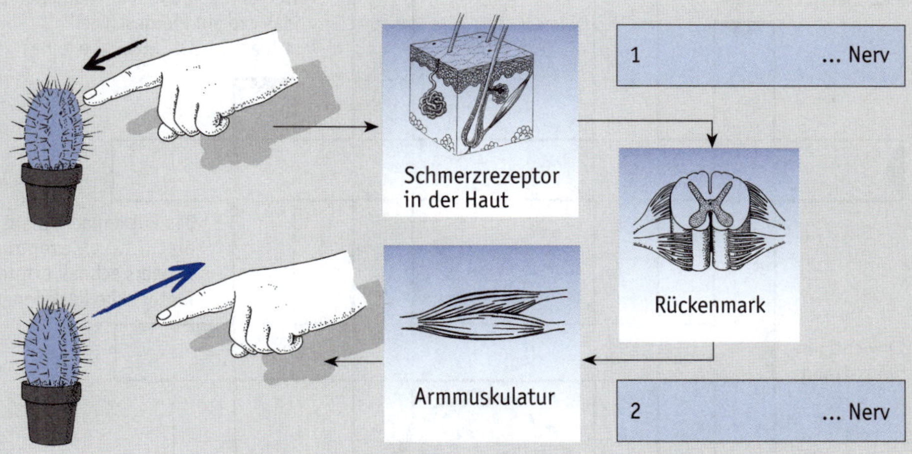

Das Kleinhirn

Aufgabe 8
MKK 11.9

Welche Aussage trifft nicht zu?

a) Das Kleinhirn besteht aus zwei Hemisphären und einem wurmförmigen Mittelteil.

b) Das Kleinhirn ist über drei paarige Kleinhirnstiele mit Großhirn und Gleichgewichtsorgan, Mittelhirn und verlängertem Mark verbunden, nicht jedoch unmittelbar mit dem Rückenmark.

c) Die Hauptaufgabe des Kleinhirns ist die Koordination der Motorik, d.h. Feinabstimmung von Bewegungen unter Aufrechterhaltung des Gleichgewichts.

d) Funktionsausfälle des Kleinhirns äußern sich in Gangunsicherheit, Muskelzittern bei zielgerichteten Bewegungen und Ungeschicklichkeit aufgrund überschießender Bewegungen.

e) Der Aufbau des Kleinhirns lässt keine Differenzierung erkennen.

Aufgabe 9
MKK 11.10-11.11

Rückenmark und Reflexe

Bitte überprüfen Sie Ihre Kenntnisse über Rückenmark und Reflexe in folgendem Kreuzworträtsel:

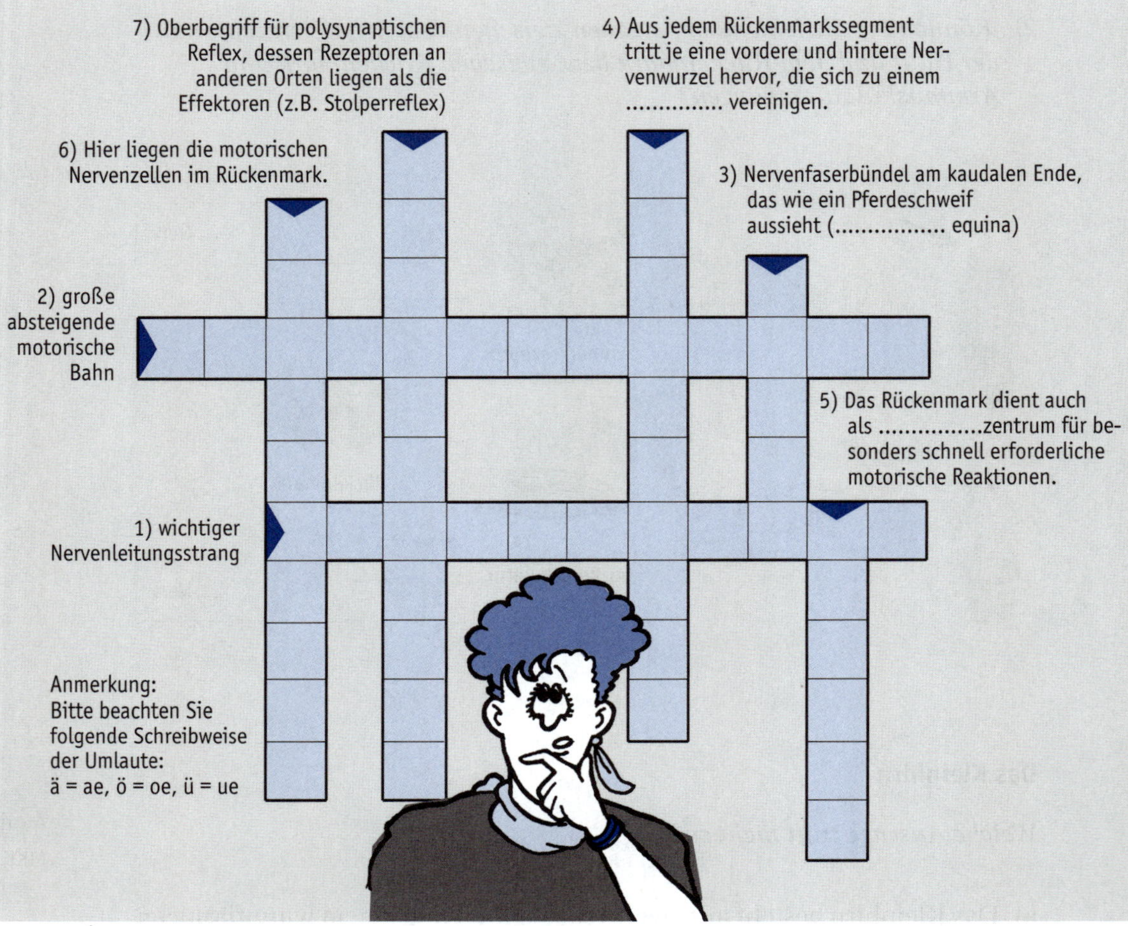

Aufgabe 10
MKK Abb. 11.41
BAP 11.7

Das Rückenmark

Das Rückenmark reicht nach kaudal bis in Höhe von L..... .

Bei vielen Erkrankungen des ZNS ist es wichtig, Liquor zu untersuchen, der durch eine Lumbalpunktion entnommen wird. In welcher Höhe wird die Lumbalpunktion durchgeführt? Bedenken Sie, daß die Verletzungsgefahr des Rückenmarks gering sein muß:

a) Th_{12}/L_1 b) L_1/L_2 c) L_2/L_3
d) L_3/L_4 e) L_5/S_1

Das vegetative Nervensystem

Aufgabe 11
MKK 11.12
BAP 11.10

Die Organfunktionen des Körpers werden vom vegetativen Nervensystem automatisch und ohne Beeinflussung durch den Willen gesteuert. Dies geschieht durch das Zusammenspiel von Sympathikus (S) und Parasympathikus (P). Bitte ordnen Sie den im folgenden genannten Begriffen je nach dominanter Beeinflussung durch Sympathikus oder Parasympathikus ein S oder P zu:

a) Reaktion auf Stressreize ....

b) Verdauung ....

c) Verminderung der Sekretion aus dem Verdauungsdrüsen ....

d) Zunahme der Pulsrate ....

e) Verengung der Bronchien ....

f) Verengung der Pupille (Miosis) ....

Das periphere Nervensystem

Aufgabe 12
MKK 11.14.2
BAP 11.8.2

Bitte ordnen Sie die peripheren Nerven den Spinalnervenplexus zu, aus denen sie entspringen:

1) Plexus cervicalis (Halsgeflecht)
2) Plexus brachialis (Armgeflecht)
3) Plexus lumbalis (Lendengeflecht)
4) Plexus sacralis (Kreuzgeflecht)

a) N. radialis (Speichennerv)
b) N. femoralis (Schenkelnerv)
c) N. ulnaris (Ellennerv)
d) N. ischiadicus (Ischiasnerv)
e) N. phrenicus (Zwerchfellnerv)
f) N. medianus (Mittelnerv)

Aufgabe 13
MKK 11.14.2

Lähmungen der Handnerven

Ordnen Sie den drei genannten Nerven die zugehörigen Lähmungsformen zu:

1) N. medianus	a) Fallhand
2) N. radialis	b) Krallhand
3) N. ulnaris	c) Schwurhand

Aufgabe 14
MKK 11.13
BAP 11.11

Zentrale Lähmungen mit peripherem Anteil

Es kommen unterschiedliche Lähmungsformen vor. Bitte ergänzen Sie:

Die zentrale Form ist häufig eine sp.............. Lähmung. Sie kann Folge eines Hirn................es sein. Wird bei einem Unfall das Rückenmark unterbrochen, so entsteht eine Q...................................ung. Unterhalb der Durchtrennung sämtlicher Bahnen und Nerven fällt dabei die s.............le Empfindung, aber auch die Fähigkeit zur willkürlichen Bewegung aus. Ist das Rückenmark auf höherer Ebene als der von Halswirbel 6 (C6) betroffen, so sind beide Arme und beide Beine gelähmt. Diesen Zustand nennt man T..........pl....ie. Nach einer Unterbrechung des Rückenmarks unterhalb von Brustwirbel 1 (Th1) bleiben die Arme verschont, die Beine aber sind gelähmt. Es handelt sich um eine P.........legie.

Aufgabe 15
MKK 11.13

Querschnittsgelähmte

Welchen typischen Gefahren gilt es bei Querschnittsgelähmten pflegerisch entgegenzuwirken?

a) Chronischer Harnwegsinfekt
b) Lungenentzündung
c) Dekubitus
d) Gedächtnisstörungen
e) Versteifung von Gelenken

Der Schlaganfall

Aufgabe 16
MKK 11.15.8

Ein Schlaganfall kann ältere Menschen plötzlich zu pflegeintensiven Patienten machen. Wichtige Begriffe dazu im Silbenrätsel:

a - bo - em - fuß - he- hirn - kon - lie - mi - pa - plex - po - re - ren - se - spitz - trak - tu

a) Medizinisches Fremdwort für Schlaganfall ....

b) Verschleppung von Blutgerinnseln in die Gehirngefäße ....

c) Einseitige Lähmung nach Schlaganfall ....

d) Funktions- und Bewegungseinschränkung ....

e) Fußstellung nach Schlaganfall, bei der die Fußspitze beim Gehen den Boden berührt ....

Die Pflege der Schlaganfallpatienten

Aufgabe 17
MKK 11.15.8

Was sollte bei der Pflege der Schlaganfallpatienten beachtet werden (mehrere Aussagen sind richtig)?

a) Der Patient hat häufig psychische Probleme, da er mit seiner plötzlich auftretenden Lähmung nicht umgehen kann. Viele ertragen die Hilflosigkeit nur schwer. Dies kann sich sowohl als Depression und Antriebsarmut äußern als auch in aggressivem Verhalten gegenüber den betreuenden Pflegekräften.

b) Da der Patient seine kranke Körperhälfte „vergisst", soll sie ihm durch pflegerische Tätigkeit bewußt gemacht werden; d.h. der Patient soll möglichst von der gelähmten Seite her angesprochen und gepflegt werden.

c) Der Patient ist aufgrund seiner Lähmung psychisch sehr angeschlagen; deshalb sollte man die kranke Seite nicht auch noch unnötig bevorzugen.

d) Es kommt häufig zu Verletzungen durch Sturz, da die Patienten ihre Lähmung vergessen und aufstehen, obwohl sie nicht stehen können.

e) Richtige Lagerung, häufiges Umlagern und Durchbewegen der Extremitäten sind unerlässlich, um Kontrakturen vorzubeugen.

Sensibilität und Sinnesorgane

Aufgabe 1
MKK/BAP 12.1

Sinnesrezeptoren

Welcher Rezeptortyp vermittelt keine Sinnesqualitäten zum ZNS?

a) Mechanorezeptor
b) Hormonrezeptor
c) Photorezeptor
d) Chemorezeptor
e) Thermorezeptor

Aufgabe 2
MKK/BAP 12.3.2

Der Schmerz

Schmerz ist nicht gleich Schmerz. Es gibt verschiedene Schmerztypen. Bitte ordnen Sie zu:

1) somatischer Schmerz
2) viszeraler Schmerz
3) neurogener Schmerz

a) Menstruationsschmerz
b) Schmerz von Haut, Bindegewebe und Bewegungsapparat
c) heller, einschießender Schmerz, z.B. der Phantomschmerz nach einer Operation

Aufgabe 3
MKK/BAP 12.3

Die Schmerzempfindung

Bitte ergänzen Sie den Text:

Die für das Überleben wichtigste Sinnesfunktion ist die Sch........zempfindung. Die Sch........zrez...........ren weisen uns innerhalb von Bruchteilen von Sekunden auf Gefahren hin, die schwere Körpersch............ anrichten oder den Tod bedeuten können, damit wir uns möglichst schnell von dieser Gefahrenquelle entf............. . Die Schmerzw..........n.........ung ist jedoch nicht immer gleich. Bereits auf R............m.........ebene, aber auch vom Gehirn aus werden die Schmerzreize moduliert. Die Schmerzweiterleitung kann durch verschiedene körpereigene Substanzen wie E.............ine und Se...........nin gehemmt werden.

Die Schutzeinrichtungen des Auges

Aufgabe 4
MKK 12.6.11
BAP 12.6.6

Welche Teile des Auges gehören zu den Schutzeinrichtungen?

a) Wimpern
b) Augenlider
c) Pupille
d) Papille
e) Augenbrauen
f) Bindehaut
g) Tränendrüsen
h) Iris

Auge und Sehsinn

Aufgabe 5
MKK/BAP 12.6

Kreuzworträtsel zum Sehorgan:

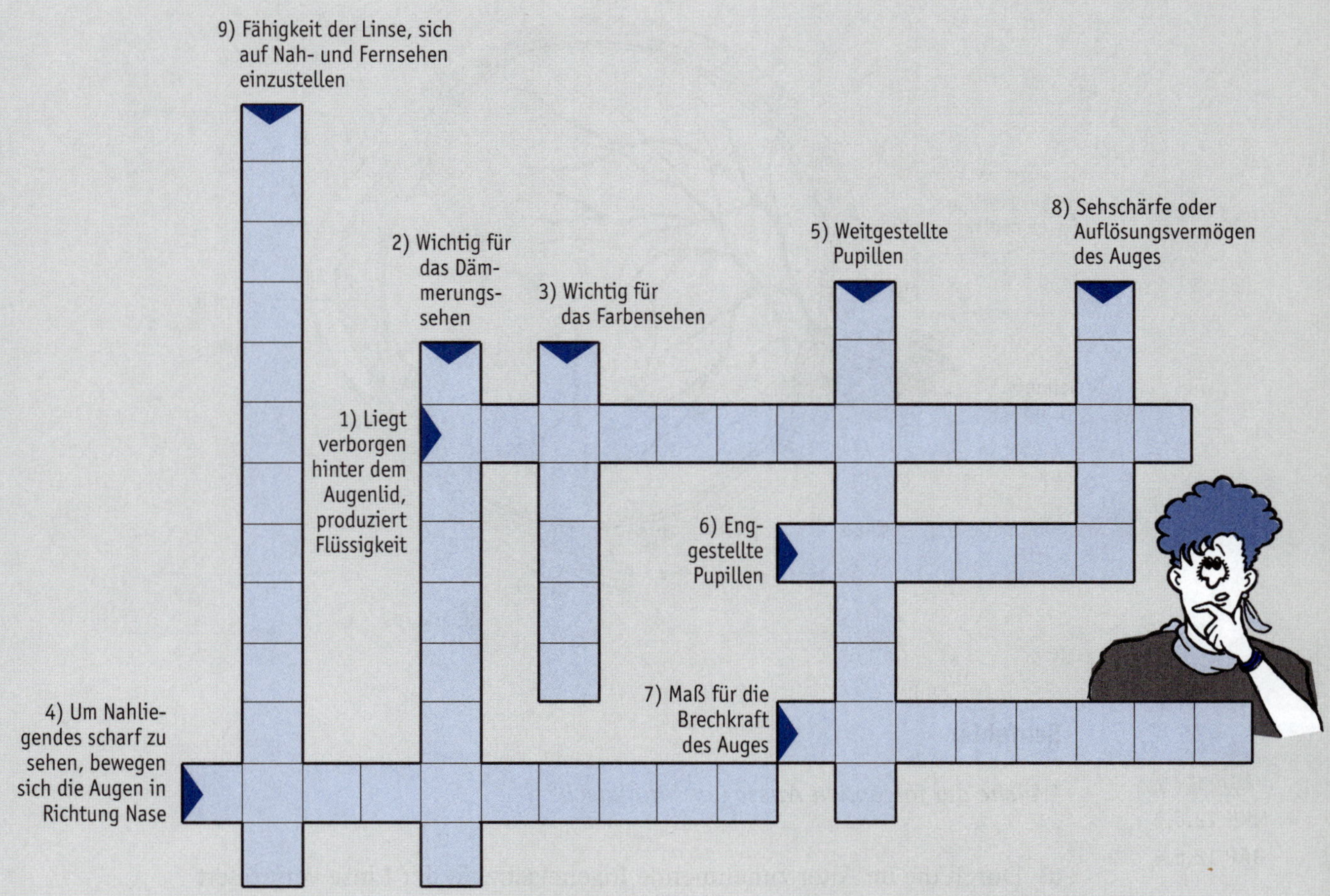

Aufgabe 6
MKK Abb. 12.13
BAP Abb. 12.7

Das Auge

Bitte benennen Sie die Strukturen auf der Abbildung, die einen Querschnitt durch den Augapfel zeigt. Folgende Benennungen sollen richtig verteilt werden:

a) Hornhaut (Cornea)
b) Regenbogenhaut (Iris)
c) Netzhaut (Retina)
d) Lederhaut (Sklera)
e) Linse
f) Aderhaut (Chorioidea)
g) Glaskörper
h) Sehnervenpapille (blinder Fleck)
i) Bindehaut (Conjunctiva)

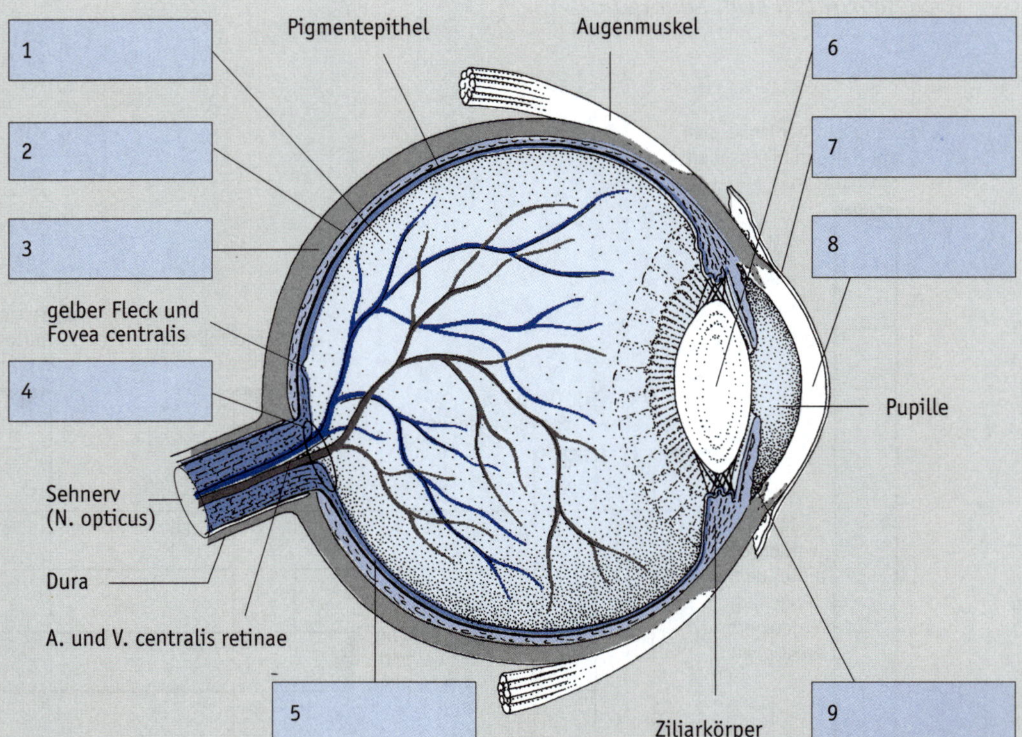

Aufgabe 7
MKK 12.6.7
BAP 12.6.4

Sehfehler

Welche der folgenden Aussagen sind falsch?

a) Durch die im Alter zunehmende Eigenelastizität der Linse vergrößert sich ihre Brechkraft.

b) Bei Kurzsichtigkeit ist der Augapfel meist zu lang.

c) Bei Weitsichtigkeit ist der Augapfel meist zu kurz.

d) Sehfehler sind prinzipiell durch eine gestörte Linsenfunktion bedingt.

Aufbau der Netzhaut

Aufgabe 8
MKK 12.6.3
BAP 12.6.2

Bitte ergänzen Sie den Text:

Es gibt zwei Typen von Ph...........rezeptoren: die Z.................. für das Farbsehen und die St................. für das Dämmerungssehen. Am Ort des schärfsten Sehens, der F............ c................, befinden sich besonders viele Za..........n. Im Austrittsbereich der Sehnerven, auch P............le oder bl........... Fl.......... genannt, findet man keine Photorezeptoren.

Der Geruchssinn

Aufgabe 9
MKK/BAP 12.5

Welche Strukturen sind unmittelbar am „Riechen" beteiligt (mehrere Antworten sind richtig)?

a) N. vagus
b) N. olfactorius
c) Riechhärchen
d) Riechkolben
e) Riechknospe

Geschmackssinn

Aufgabe 10
MKK 12.5.7
BAP 12.5.2

Für welche 4 Geschmacksqualitäten besitzt die Zunge Rezeptoren?

a) salzig
b) süß
c) scharf
d) bitter
e) sauer
f) fruchtig

Ohrstrukturen und ihre Funktionen

Aufgabe 11
MKK/BAP 12.7

Bitte ordnen Sie zu:

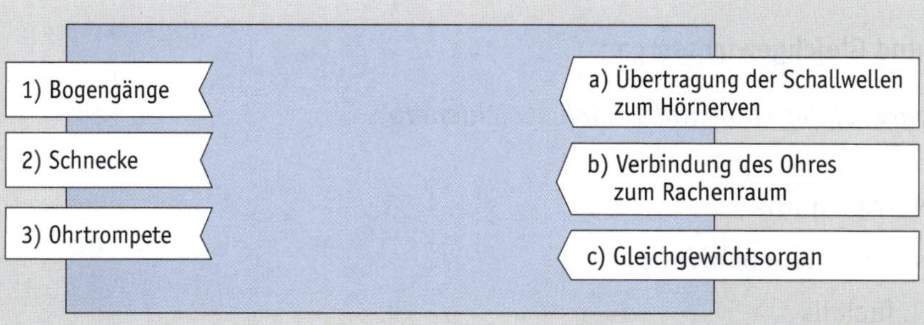

Aufgabe 12
MKK Abb.12.33
BAP Abb. 12.15

Ohr und Gleichgewichtsorgan

Folgende Begriffe sollen an die richtige Stelle gesetzt werden:

a) Äußerer Gehörgang
b) Trommelfell
c) Hammer
d) Ohrtrompete
e) Bogengänge
f) Amboss
g) Schnecke
h) Steigbügel

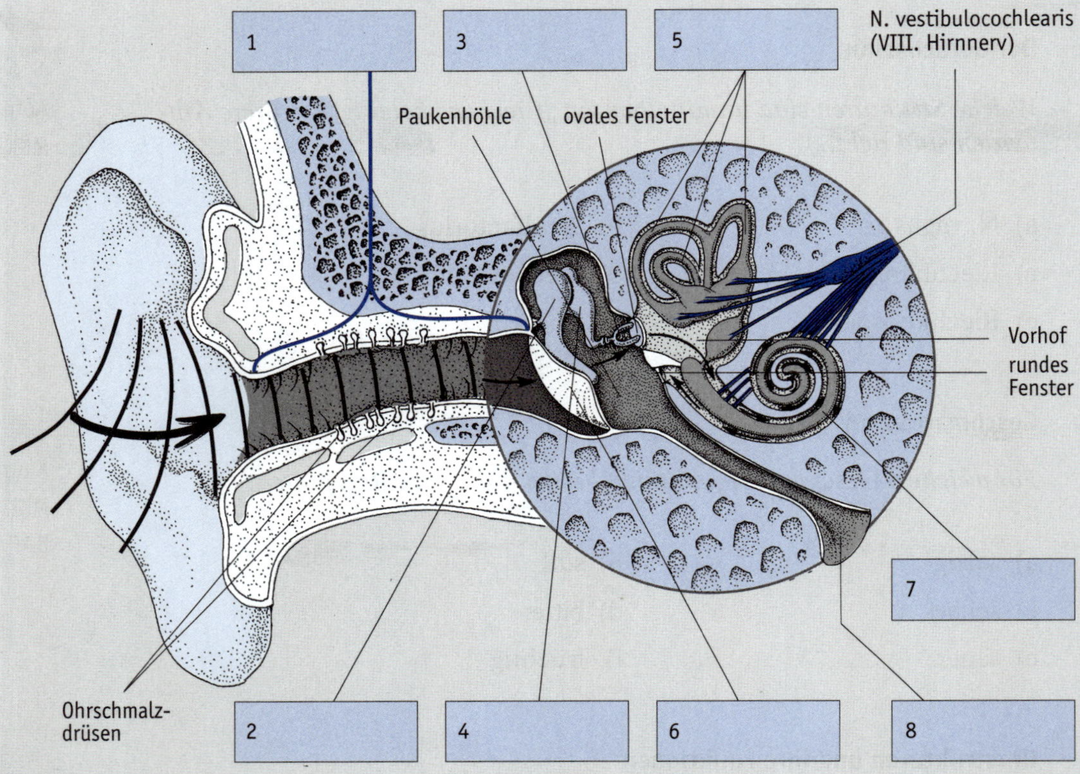

Aufgabe 13
MKK 12.7.6

Ohr und Gleichgewichtsorgan

Welches ist der Hör- und Gleichgewichtsnerv?

a) N. trigeminus
b) N. vestibulocochlearis
c) N. facialis
d) N. olfactorius

13 Das Hormonsystem

Funktion und Arbeitsweise der Hormone

Aufgabe 1
MKK/BAP 13.1

Welche Aussagen über die Hormone treffen zu?

Hormone

a) steuern die Reproduktionsvorgänge.

b) helfen dem Körper, mit Belastungssituationen fertig zu werden.

c) steuern direkt das soziale Verhalten eines Menschen.

d) regulieren den Organstoffwechsel.

Die Hormondrüsen des menschlichen Körpers

Aufgabe 2
MKK/BAP Abb. 13.1

Bitte beschriften Sie die Abbildung:

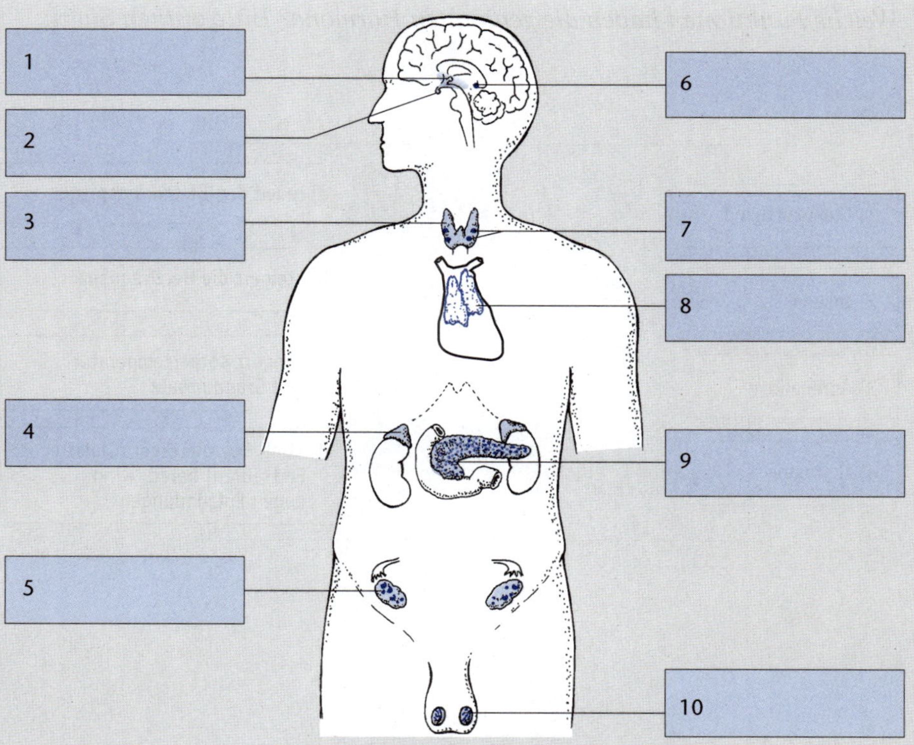

Aufgabe 3
MKK/BAP
13.2-13.8

Hormondrüsen

Bitte ordnen Sie die Hormone den sie sezernierenden Drüsen zu:

1) Thyroxin	a) Nebennierenmark
2) Insulin	b) Schilddrüse
3) Glukokortikoid	c) Bauchspeicheldrüse
4) Adrenalin	d) Nebennierenrinde

Aufgabe 4
MKK/BAP
13.2-13.8

Hormonfunktionen

Welche Funktionen haben die genannten Hormone? Bitte ordnen Sie zu:

1) Glukokortikoid	a) regelt den Blutzuckerspiegel
2) Insulin	b) steigert die Herzfrequenz
3) Adrenalin	c) steigert Körpertemperatur und Grundumsatz
4) Thyroxin	d) stellt Energieträger (Glukose, Fettsäuren) bereit, wirkt gegen Entzündungen

Hypothalamus, Hypophyse und glandotrope Hormone

Aufgabe 5
MKK Abb. 13.7
BAP Abb. 13.8

Bitte setzen Sie die folgenden Hormone an die richtigen Stellen in dem abgebildeten Schema:

a) T_3/T_4 (Thyroxin, Trijodthyronin)

b) ACTH (Adrenocorticotropes Hormon)

c) FSH (Follikelstimulierendes Hormon)

d) Testosteron

e) Wachstumshormon

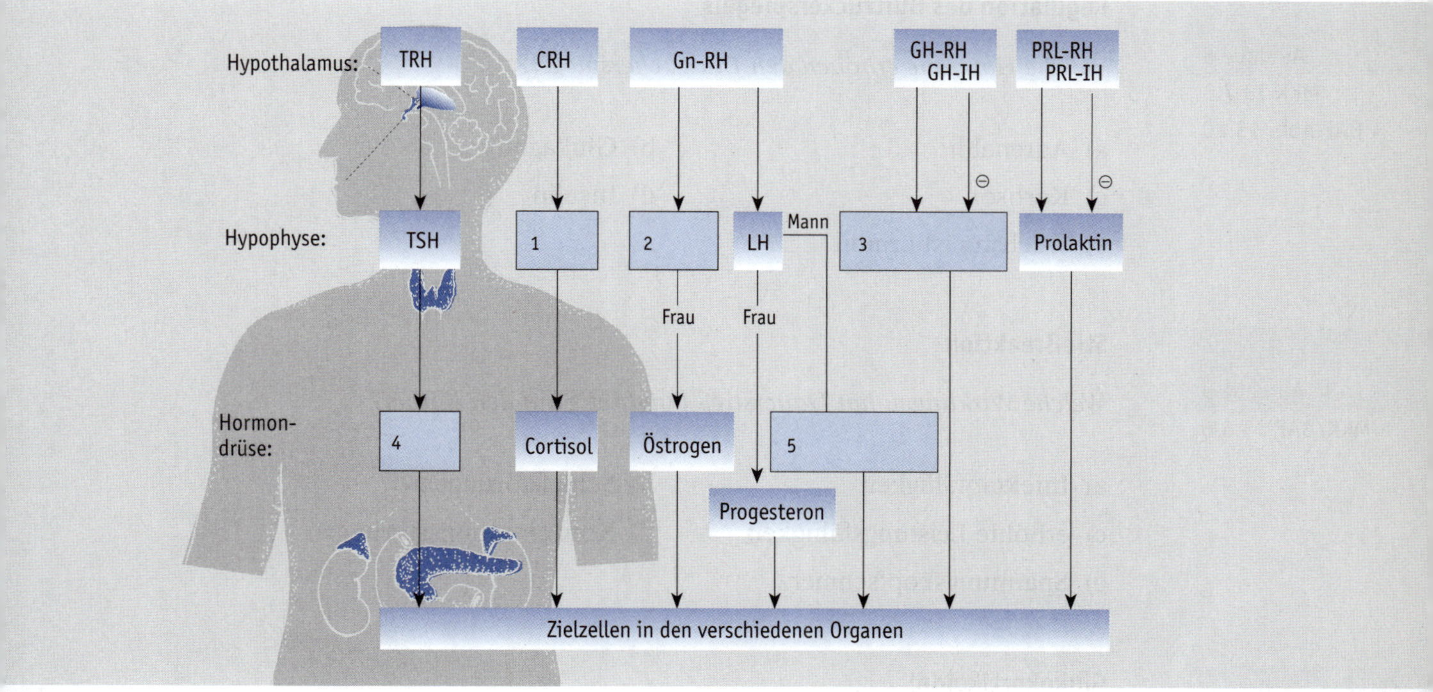

Schilddrüsenerkrankungen

Aufgabe 6
MKK 13.4.2
BAP 13.4.1

Welche Symptome kennzeichnen die Schilddrüsenüberfunktion (Hyperthyreose)?

a) Gewichtsabnahme

b) teigige Schwellung der Haut (Myxödem)

c) warme, feuchte Haut

d) schneller Puls

e) Müdigkeit, Antriebsarmut

f) Schlaflosigkeit und innere Unruhe

g) Händezittern, Durchfall

Aufgabe 7
MKK/BAP 13.5

Rachitis

Um die Jahrhundertwende war Rachitis vor allem bei Kindern armer Familien verbreitet. Die Krankheit äußert sich in Erweichung und Verbiegung des Skeletts, vor allem Brustkorb und Beine. Welcher Substanzmangel ist für das Auftreten von Rachitis verantwortlich?

a) Kalzium
b) Kalzitonin
c) Vitamin D
d) Parathormon
e) Kortisol

Aufgabe 8
MKK 13.7.3
BAP Abb. 13.20

Regulation des Blutzuckerspiegels

Welche Hormone erhöhen den Blutzuckerspiegel?

a) Adrenalin
b) Glukagon
c) Kortison
d) Insulin
e) Wachstumshormon

Aufgabe 9
MKK/BAP 13.6.6

Streßreaktion

Welche Wirkungen hat Dauerstreß langfristig auf den Körper?

a) Infektanfälligkeit
b) Schlafstörungen
c) erhöhte Leistungsfähigkeit
d) Konzentrationsstörungen
e) Spannungskopfschmerz

Aufgabe 10
MKK Abb. 13.21

Glukokortikoide!

Welches sind mögliche Nebenwirkungen einer Glukokortikoidtherapie?

a) Vollmondgesicht
b) Stammfettsucht
c) Tachykardie
d) Osteoporose
e) Diarrhö

14 Blut und Lymphe

Blutbestandteile

Aufgabe 1
MKK/BAP
14.1-14.3

Bitte ordnen Sie zu:

1) Blutplasma
2) Blutserum
3) Erythrozyten
4) Leukozyten
5) Thrombozyten

a) rote Blutkörperchen, transportieren Sauerstoff
b) flüssige Blutfraktion, die die Gerinnungsfaktoren beinhaltet
c) weiße Blutkörperchen, dienen der Abwehr von Krankheiten
d) Blutplättchen
e) flüssiger Überstand, der übrigbleibt, wenn man Blut in einem Röhrchen gerinnen läßt; enthält keine Gerinnungsfaktoren

Aufgaben des Blutes

Aufgabe 2
MKK/BAP 14.1.1

Bitte kreuzen Sie die richtigen Angaben an:

a) Transportfunktion
b) Wärmeregulationsfunktion
c) Abwehrfunktion
d) Übertragung neuromuskulärer Impulse

Hämatopoese

Aufgabe 3
MKK/BAP 14.1.3

Welche Aussagen treffen nicht zu?

a) Aus dem Megakaryozyten entstehen Thrombozyten.

b) Der Myelozyt ist ein Vorläufer der Monozyten.

c) Der Promonozyt ist eine Vorstufe eosinophiler, neutrophiler und basophiler Granulozyten.

d) Der Retikulozyt ist ein Vorläufer der Erythrozyten.

Aufgabe 4
MKK Abb. 14.4
BAP Abb. 14.5

Elektrophorese

Welcher der dargestellten Elektrophorese-Befunde ist ...

a) normal

b) Anzeichen für eine chronische Entzündung?

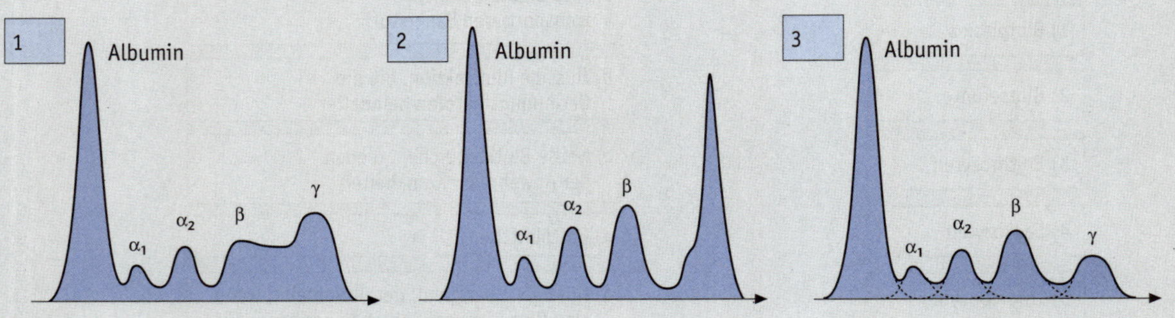

Aufgabe 5
MKK 14.5.8
BAP 14.5.4

Antikoagulation und Thrombolyse

Welche der folgenden Aussagen ist falsch?

a) Beim akuten Gefäßverschluß kann innerhalb der ersten Stunden versucht werden, das Gerinnsel mit fibrinolytischen Substanzen wie Streptokinase, Urokinase oder r-tPA wieder aufzulösen.

b) Wenn keine Lysebehandlung möglich ist (z.B. weil der Gefäßverschluß schon Tage zurückliegt oder Blutungsgefahr aufgrund von Zweiterkrankungen besteht), wird der Patient vollheparinisiert, z.B. 30000 IE Heparin/24 h i.v.

c) Zum Schutz vor Thrombosen soll der Patient frühzeitig mobilisiert werden (mindestens 6 h am Tag aus dem Bett!). Gelingt dies nicht, sollte eine low-dose-Heparinisierung mit 2 x 7500 IE oder 3 x 5000 IE Heparin s.c./Tag erfolgen.

d) Soll die Gerinnung langfristig herabgesetzt werden (z.B. zur Rückfallprophylaxe einer Lungenembolie), erhält der Patient Tabletten, die die Bildung von Gerinnungsfaktoren in der Leber hemmen, z.B. Marcumar®.

e) Die regelmäßige Kontrolle des Quick-Wertes unter Marcumar-Therapie bzw. PTT und TZ unter Heparintherapie ist nicht erforderlich.

Das rote Blutbild

Aufgabe 6
MKK 14.2.6
BAP 14.2.6

Bitte ordnen Sie die folgenden Parameter den zugehörigen Normwerten zu:

1) Erythrozytenzahl
2) Hämoglobin-Konzentration
3) Hämatokrit

a) 42% (Frauen) 47% (Männer)
b) 11 - 16 g/dl (Frauen) 13 - 18 g/dl (Männer)
c) 4,6 Mio. (Frauen) 5,1 Mio. (Männer)

Lymphatische Organe

Aufgabe 7
MKK/BAP
Abb. 14.17

Bitte benennen Sie die auf der Abbildung gezeigten lymphatischen Organe:

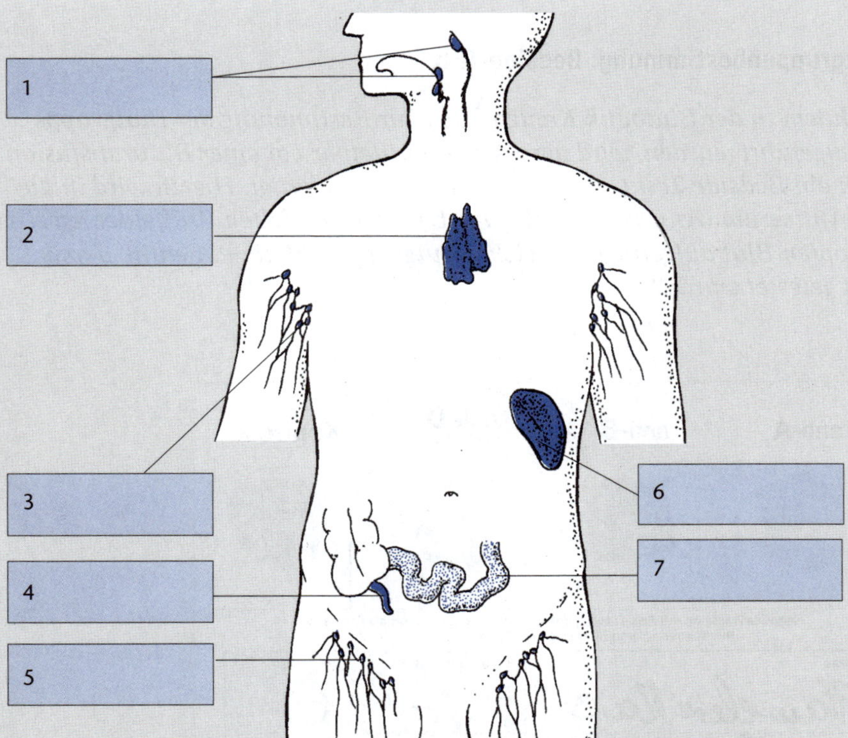

Aufgabe 8
MKK 14.5
BAP Abb. 14.26

Blutstillung und -gerinnung

Bitte ergänzen Sie den folgenden Text:

Nach der Verletzung eines Blutgefäßes stellt sich das Gefäß enger, eine V.........k...................tion findet statt. Danach lagern sich die T.............zyten an und bilden an der verletzten Stelle einen Pfropf . Der Thrombozytenpfropf wird sodann durch F............... vernetzt. In den vernetzten Thrombozytenpfropf wandern alsbald B.........g............zellen ein und festigen den Thrombus.

Bitte benennen Sie nun die 3 beschriebenen Phasen:

1) Ge.........re......tion
2) Bl......st.....ung
3) Ge.............ung

Aufgabe 9
MKK Abb. 14.15
BAP Abb. 14.12

Blutgruppenbestimmung: Bedside-Test

Nachdem in der Blutbank Kreuzproben zur Bestimmung der Blutgruppe durchgeführt wurden, wird vom Arzt unmittelbar vor einer Bluttransfusion noch ein Bedside-Test („am Patientenbett“) angefertigt. Hierzu wird in die mit Antiserum (Anti-A, Anti-B, Anti-D) vorbehandelten Prüffelder jeweils 1 Tropfen Blut aufgetragen. Welche Blutgruppe hat die Patientin, deren Blut getestet wurde?

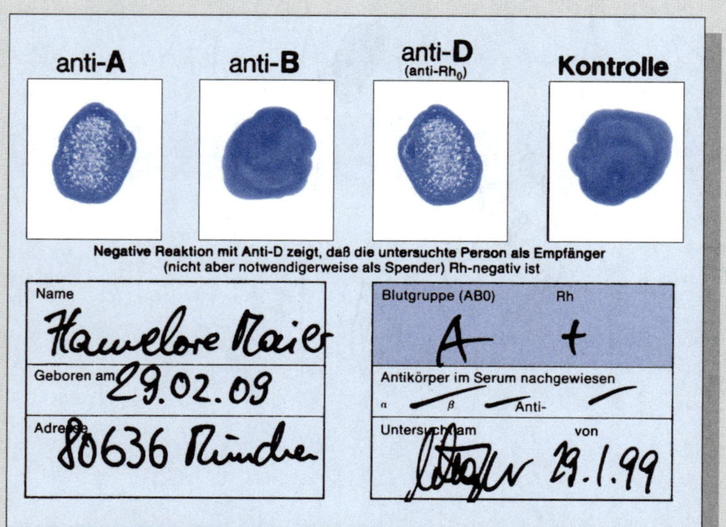

15 Das Herz

Topographie des Herzens

Aufgabe 1
MKK Abb. 15.4
BAP Abb. 15.3

Bitte setzen Sie die folgenden Bezeichnungen an die richtigen Stellen in der Abbildung:

a) Linke Herzkammer
b) Rechte Herzkammer
c) Linker Vorhof
d) Rechter Vorhof
e) Aortenbogen
f) Untere Hohlvene
g) Obere Hohlvene
h) Herzscheidewand
i) Lungenschlagader
k) Mitralklappe
l) Trikuspidalklappe
m) Pulmonalklappe

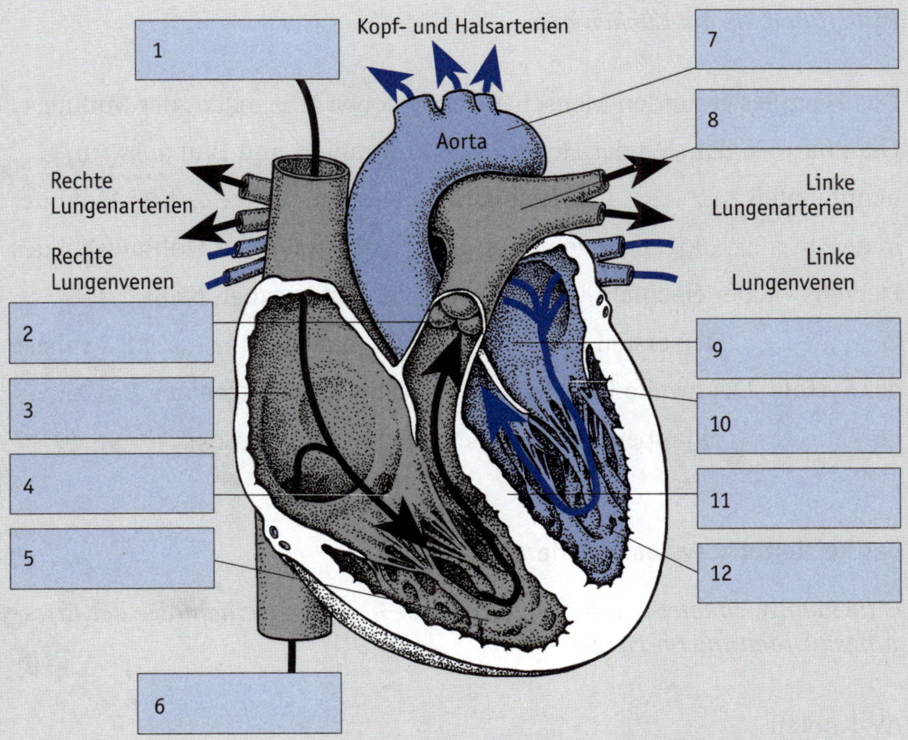

Aufgabe 2
MKK/BAP 15.3

Aufbau der Herzwand

Bitte ordnen Sie zu:

1) Endokard
2) Myokard
3) Epikard
4) Perikard

a) Muskelschicht des Herzens
b) Herzbeutel, der das Herz umschließt
c) Innenhaut, kleidet den gesamten Innenraum des Herzens aus
d) Außenhaut des Herzens

Aufgabe 3
MKK/BAP 15.4

Herzzyklus und Herztöne

Bitte füllen Sie die Lücken aus:

Das Herz des gesunden Menschen schlägt etwa ....mal in der Minute. Die Phase, in der sich der Herzmuskel kontrahiert und Blut auswirft, nennt man S............... . Das Blut wird dabei in den L...........kreislauf oder in den K.............kreislauf gepumpt. Die Phase, in der der Hohlmuskel des Herzens wieder erschlafft und dabei erneut Blut ansaugt, heißt D................. . Den ersten Herzton hört man in der A.......................sphase der Systole. Der zweite Herzton entsteht beim Zuschlagen der A.............- und P................klappen am Ende der Austreibungsphase.

Aufgabe 4
MKK/BAP 15.5.2

Das Reizleitungssystem des Herzens

Bitte kennzeichnen Sie durch Ziffern (1, 2, 3, ...) die Reihenfolge der Erregungsausbreitung im Herzen:

AV-Knoten	....
Purkinje-Faser	....
Sinusknoten	....
Kammerschenkel	....
His-Bündel	....

Elektrokardiogramm (EKG)

Aufgabe 5
MKK 15.5.5
BAP 15.5.4

Im folgenden sehen Sie ein normales EKG. Bitte ordnen Sie die einzelnen Elemente den Erregungsphasen des Herzens zu:

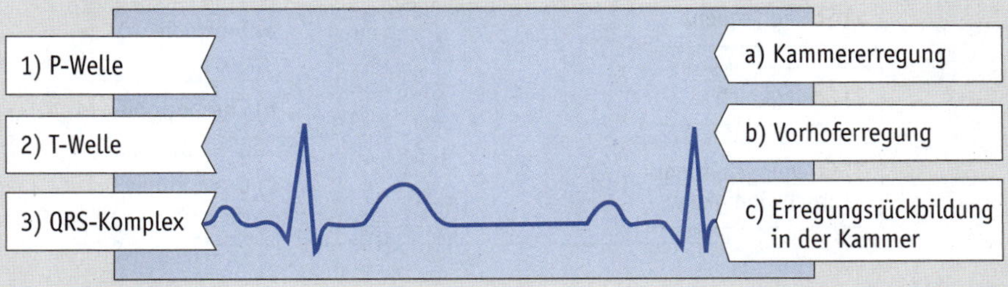

Dauer des Herzzyklus

Aufgabe 6
MKK Abb. 15.24
BAP Abb. 15.15

Können Sie sich erinnern, wie lange ein Herzzyklus dauert?

a) ca. 1 - 3 Minuten b) ca. 0,8 - 1 Sekunden
c) ca. 4,5 - 6 Sekunden d) ca. 2,0 - 3,6 Sekunden

Herzklappen

Aufgabe 7
MKK/BAP 15.2.2

Welche Aussagen sind richtig?

a) Jede Herzklappe läßt sich vom Blutstrom nur in eine Richtung aufdrücken.

b) Aortenklappe und Pulmonalklappe werden auch AV-Klappen (Atrio-Ventrikular-Klappen) genannt.

c) Die rechte Segelklappe heißt Trikuspidalklappe, weil sie drei Segel (tri cuspis) besitzt.

d) Die Sehnenfäden, die an den Papillarmuskeln der Kammer ansetzen, verhindern ein Zurückschlagen der Taschenklappen.

e) Öffnet sich die Klappe nicht weit genug, spricht man von einer Klappenstenose; schließt die Klappe nicht mehr dicht, so bezeichnet man dies als Klappeninsuffizienz.

Aufgabe 8
MKK 15.6.3
BAP 15.6.2

Herzleistung und ihre Regulation

Bitte ordnen Sie folgende Begriffe einander zu:

1) Schlagfrequenz
2) Schlagkraft
3) Erregungsleitungsgeschwindigkeit

a) Inotropie
b) Chronotropie
c) Dromotropie

Aufgabe 9
MKK/BAP 15.6

Die Herzkranzgefäße

Prüfen Sie folgende Aussagen über die Herzkranzgefäße auf ihre Richtigkeit. Zwei Aussagen sind falsch. Welche?

a) Die Herzkranzgefäße haben die vorrangige Aufgabe, Blut in den Aortenbogen zu transportieren.
b) Die Herzkranzgefäße versorgen den Herzmuskel mit Blut. Sie sind die herzeigenen Gefäße.
c) Es gibt die linke Kranzarterie, die sich in einen seitlichen Ast und einen vorderen Ast aufteilt, sowie eine rechte Kranzarterie.
d) Bei Verschluss einer Herzkranzarterie stirbt das versorgte Gewebe ab. Ein Herzinfarkt entsteht.
e) Der Verschluss einer Herzkranzarterie ist nicht tragisch, da sich sofort neue Äste bilden und die Blutversorgung gewährleisten.

Aufgabe 10
MKK Abb. 15.30

Kammerflimmern

Ein Patient hat Kammerflimmern. Die Situation ist lebensbedrohlich für ihn. Sie nehmen den Defibrillator. Zeichnen Sie ein, wo Sie die Elektroden aufsetzen.

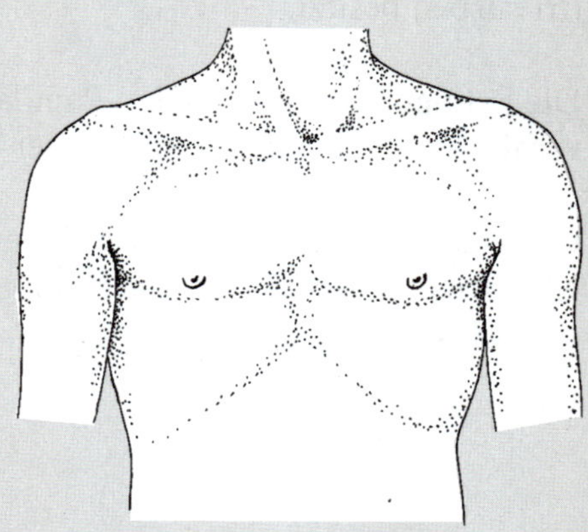

16 Kreislauf und Gefäßsystem

Lungen- und Körperkreislauf

Aufgabe 1
MKK
Abb. 16.11-16.12
BAP
Abb. 16.6 + 16.8

Bitte benennen Sie die großen Gefäße auf der Abbildung:

a) Untere Hohlvene (V. cava inferior)

b) Obere Hohlvene (V. cava superior)

c) Aorta

d) Pfortader

e) Bauchaorta

f) A. iliaca communis

g) A. femoralis

h) A. carotis communis

i) Truncus pulmonalis

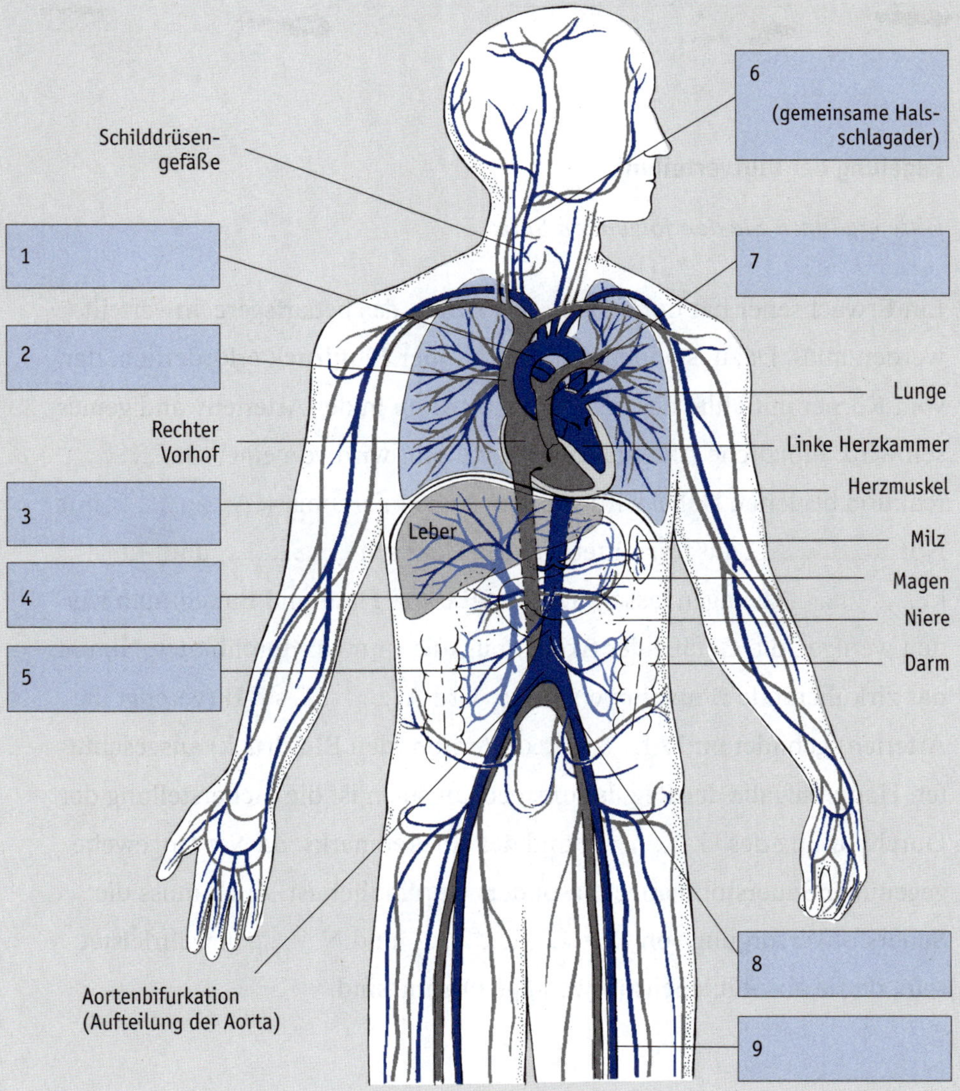

Aufgabe 2
MKK 16.1.7
BAP 16.1

Gefäßtypen: Arterien und Venen

Bitte ordnen Sie den beiden Gefäßtypen die richtigen Eigenschaften zu:

1) Arterien

2) Venen

a) leiten das Blut zum Herzen

b) leiten das Blut vom Herzen weg

c) besitzen teilweise Klappen

d) ermöglichen eine Pulspalpation

e) geringe Muskulatur in der Wandung

f) starke Muskelschicht in der Wandung

Aufgabe 3
MKK/BAP 16.3.3

Regelung der Blutverteilung

Bitte ergänzen Sie den folgenden Satz:

Ein Erwachsener hat nur etwa .... Liter Blut, das bedarfsgerecht verteilt werden muß. Dazu ist ein ausreichend hoher Blutdruck erforderlich, der vom Körper mit Hilfe der Pr..........r.........toren in der Arterienwand gemessen wird. Plötzliche Aktivität der Muskulatur wird von einer G...........-reaktion begleitet. Dabei wird aus dem Nebennierenmark A................. und Nor.................... ausgeschüttet, die das Herz sch.................. und kr................. schlagen lassen. Die Gefäße von Haut und Bauchraum werden weniger, die Gefäße der Skelettmuskulatur mehr durchblutet. Nimmt das zirkulierende Blutvolumen ab, so wird A................sin II (verengt die Arterien) gebildet und Al..............on (erhöht den Blutdruck) ausgeschüttet. Hauptaufgabe der Regulationsmechanismen ist die Sicherstellung der Durchblutung des G............... und des Rückenmarks, da Nervengewebe gegenüber Sauerstoffmangel besonders empfindlich ist. Auch muss die Sauerstoffversorgung von H.........., L............ und N.......... gewährleistet sein, da sie absolut lebensnotwendige Organe sind.

16

Arterienpuls-Tastpunkte

Aufgabe 4
MKK Abb. 16.10
BAP Abb. 16.7

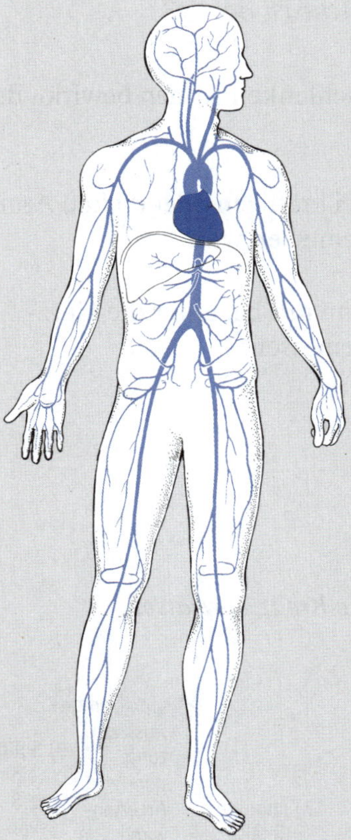

Bitte zeichnen Sie ein, wo die zur Pulsmessung geeigneten Tastpunkte zu finden sind. Schreiben Sie, wenn möglich, die Bezeichnung der jeweiligen Arterie dazu.

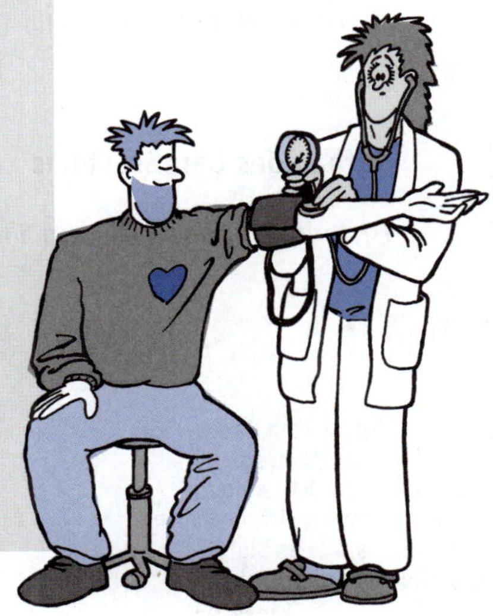

Der Blutdruck

Aufgabe 5
MKK/BAP 16.3.4

Bitte ordnen Sie zu:

1) Systolischer Wert

2) Diastolischer Wert

a) entsteht, wenn der Herzmuskel erschlafft und der Druck in der Aorta abfällt

b) entsteht, wenn das Herz sich kontrahiert und Blut auswirft

c) beträgt bei gesunden jungen Erwachsenen in Ruhe etwa 120 mmHg

d) beträgt bei gesunden jungen Erwachsenen in Ruhe etwa 80 mmHg

Aufgabe 6
MKK/BAP 16.3.4

Die Blutdruckmessung

Die falsche Technik beim Blutdruckmessen führt zu falschen Ergebnissen. Prüfen Sie die folgenden Aussagen dazu. Welche ist richtig?

a) Eine zu breite Blutdruckmanschette bei schlanken Armen bewirkt, dass der Blutdruck zu hoch gemessen wird.

b) Eine zu schmale Blutdruckmanschette bei kräftigen oder dicken Armen bewirkt, dass der Blutdruck zu niedrig gemessen wird.

c Hebt der Patient bei der Messung den Arm nur bis unter die Herzebene, so wird ein zu hoher Blutdruck gemessen.

d) Keine der Aussagen ist richtig.

Aufgabe 7
MKK/BAP 16.1

Aufbau des Gefäßsystems

Bitte lösen Sie zu diesem Thema das folgende Kreuzworträtsel:

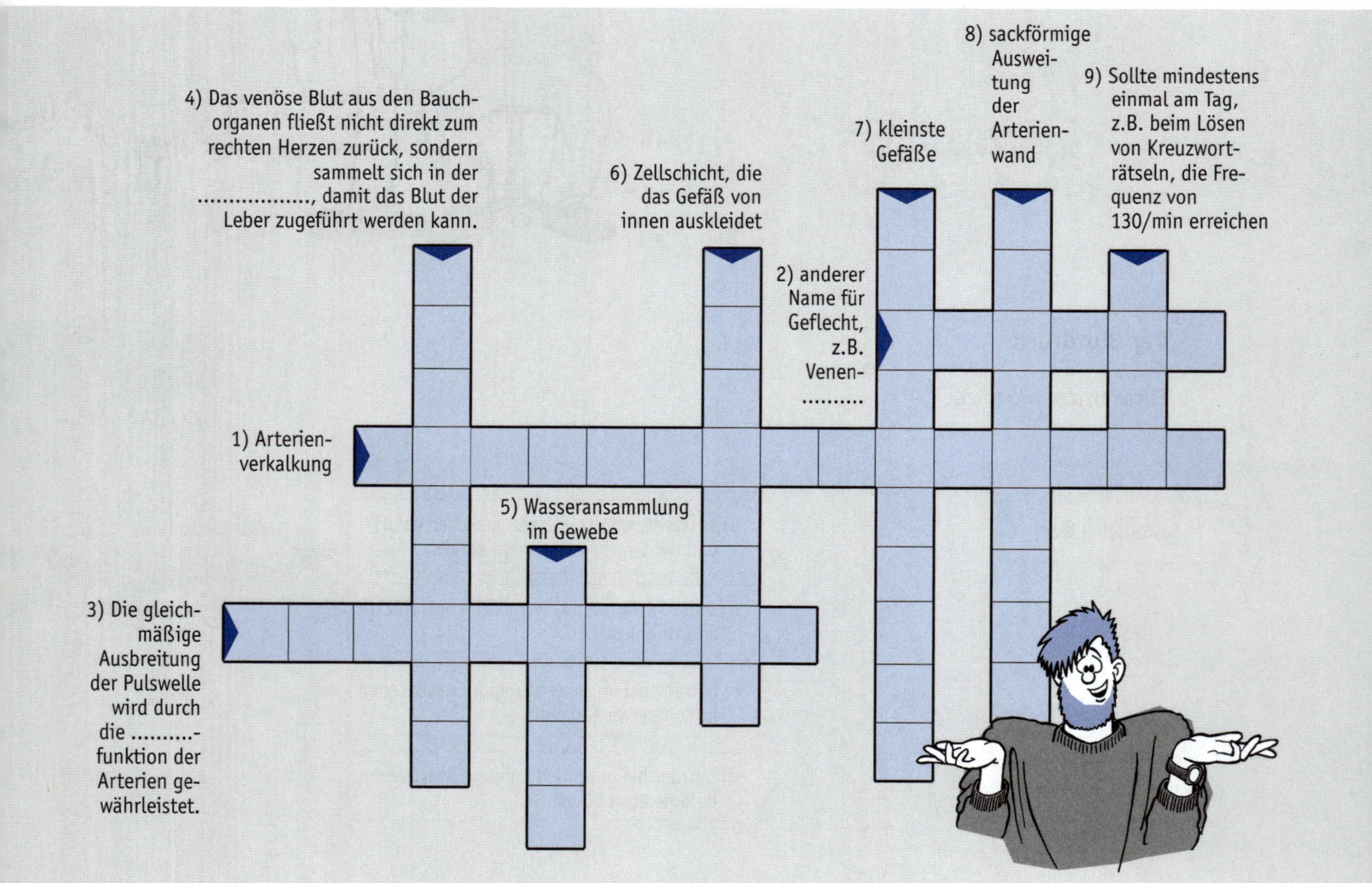

Veränderung von Gefäßen im Alter

Aufgabe 8
MKK 16.1.4

Bitte ergänzen Sie den Satz:

Wenn die Gefäßwände sich mit dem Alter verändern, so spricht man von A...........sk..........e. Sie führt zur H.........tonie. Ist eine Arterie gänzlich verschlossen, so stirbt das zugehörige Gewebe ab. Ein I....f........t entsteht.

Risikofaktoren für Gefäßerkrankungen

Aufgabe 9
MKK 16.1.4

Welches sind die Hauptrisikofaktoren für Arteriosklerose bzw. einen Herzinfarkt?

a) ....

b) ....

c) ....

d) ....

Das Atmungssystem

17

Strukturen des Atmungssystems

Aufgabe 1
MKK/BAP
Abb. 17.1

Bitte beschriften Sie die Abbildung mit folgenden Begriffen:

a) Luftröhre (Trachea)
b) rechter Hauptbronchus
c) Kehldeckel
d) linker Oberlappen
e) Nasenhöhle
f) rechter Mittellappen
g) Kehlkopf (Larynx)
h) linker Hauptbronchus
i) rechter Oberlappen
k) rechter Unterlappen
l) linker Unterlappen

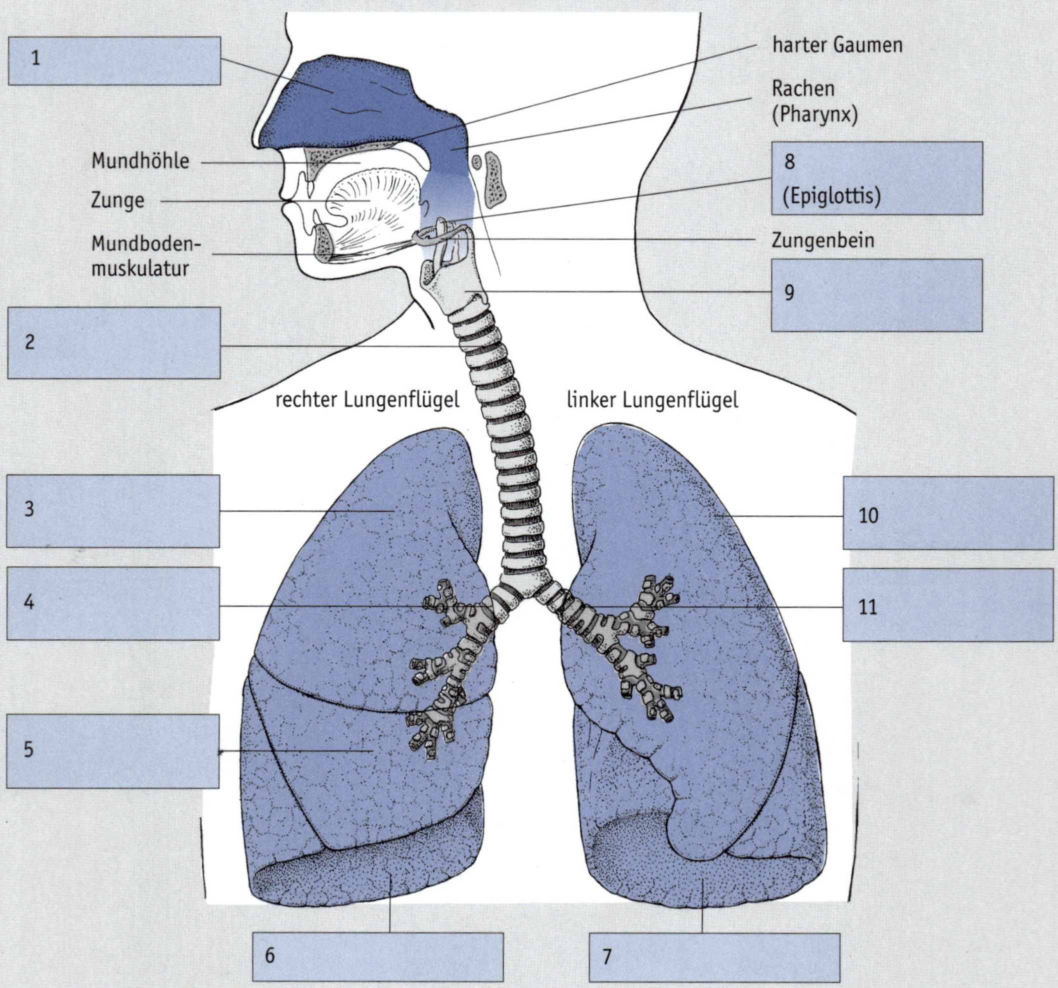

17

Die Funktionen der Nasenhöhle

Aufgabe 2
MKK/BAP 17.1.2

Welche Aussage trifft nicht zu?

Die Nasenhöhle dient ...

a) der Erwärmung der Atemluft.

b) der Vorreinigung der Atemluft.

c) der Trocknung der Atemluft.

d) der Anfeuchtung der Atemluft.

e) der Beherbergung des Riechorgans.

f) als Resonanzraum für die Stimme.

Nasennebenhöhlen

Aufgabe 3
MKK/BAP 17.1.3

Welche Hohlräume gehören nicht zu den Nasennebenhöhlen?

a) Stirnhöhlen

b) Choanen

c) Kieferhöhlen

d) Siebbeinzellen

e) Keilbeinhöhle

Der Kehlkopf

Aufgabe 4
MKK/BAP 17.3

Bitte ergänzen Sie den Text:

Der Kehlkopf (L..........x) verschließt die unteren L........wege und ist Hauptorgan der St.........b.....dung. Er läßt sich als Ad.............fel an der Vorderseite des Halses leicht tasten und erstreckt sich vom Zu..........g........d bis zur L........röhre. Der größte Knorpel ist der Sch.......knorpel; an seinem Oberrand sitzt der K..........d.........el (Epig........is), der beim Sch...........akt eine wichtige Rolle spielt. Unter dem Schildknorpel folgt der siegelringförmige R.........knorpel, der die Basis bildet für die sehr kleinen St........knorpel, die für Stellung und Spannung der St..........b.......der verantwortlich sind.

Aufgabe 5
MKK/BAP 17.3.2

Die Stimme

Die Stimme ist ein für jeden Menschen charakteristisches Kennzeichen, da sie von vielen Faktoren beeinflußt wird.
Bitte ordnen Sie zu, wie wir auf die Stimmqualität Einfluß nehmen:

1) Lautstärke	a) Spannung der Stimmbänder
2) Tonhöhe	b) unterschiedliche Stellungen von Zunge, Lippe, Mund, Nase, Rachen
3) Lautbildung (Artikulation)	c) Stärke des Luftstroms

Aufgabe 6
MKK 17.1-17.13
BAP 17.1-17.11

Silbenrätsel zum Atmungssystem

a - ba - bän - der - fac - in - ka - la - me - pa - pleu - ra - ro - rynx - spi - stimm - sur - tal - tant - tät - tem - ter - tion - trum - tu - vi - zen - zi

a) Gerät zum Prüfen der Lungenfunktion ....

b) Soll sie gemessen werden, muss der Patient nach maximaler Einatmung möglichst viel Luft wieder ausatmen ....

c) Oberflächenfaktor, der verhindern soll, daß die Lungenbläschen wie Seifenblasen platzen ....

d) Von hier aus wird die Atmung gesteuert (liegt in der Medulla oblongata) ....

e) Sie beeinflussen die Tonhöhe der Stimme. ....

f) Kehlkopf in der medizinischen Sprache ....

g) Muss künstlich beatmet werden, so wird ein Rohr durch den Mund in die Atemwege eingeführt. Wie heißt dieser Vorgang? ....

h) Gemeinsamer Begriff für Brustfell und Rippenfell ....

Der Rachenraum

Aufgabe 7
MKK/BAP 17.2

Bitte prüfen Sie folgenden Aussagen und kreuzen Sie die richtigen an:

a) Der Rachen ist ein schlauchförmiges Gebilde, das sich von der Schädelbasis bis zur Speiseröhre erstreckt.

b) Im Rachen kreuzen sich die Speise- und Luftwege.

c) Im Mundrachen liegen die Rachenmandeln.

d) Im Nasenrachen liegen die Gaumenmandeln.

Atemvolumina

Aufgabe 8
MKK Abb. 17.20
BAP Abb. 17.18

Bitte beschriften Sie die Abbildung mit den Lösungsbuchstaben folgender Begriffe:

a) Residualvolumen
b) Atemzugvolumen
c) Totalkapazität
d) inspiratorisches Reservevolumen
e) Vitalkapazität
f) exspiratorisches Reservevolumen

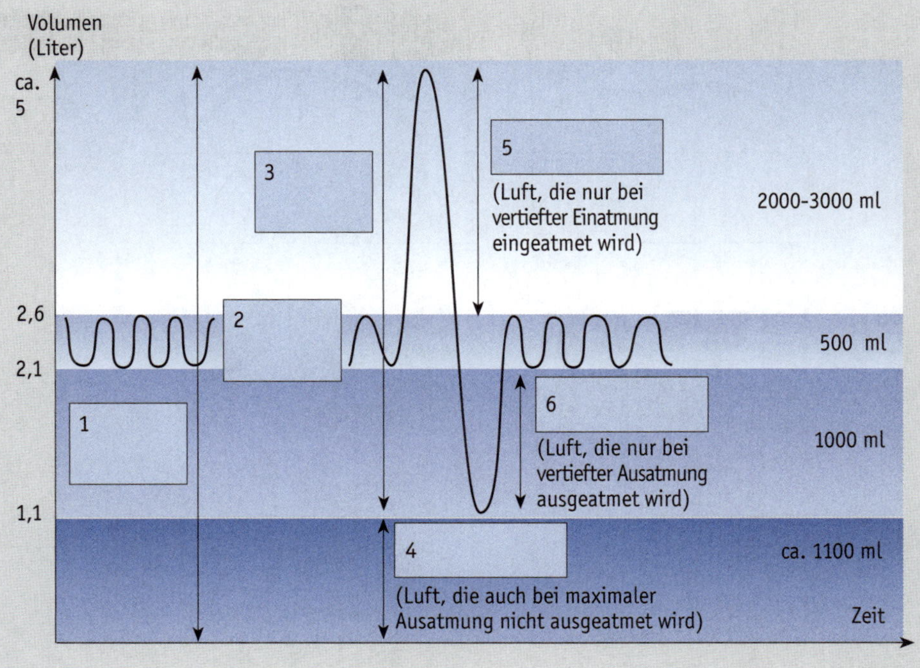

Atemmechanik

Aufgabe 9
MKK Abb. 17.19
BAP Abb. 17.15

Betrachten Sie die Abbildung und teilen Sie die folgenden Aussagen und Begriffe richtig zu:

a) Exspiration

b) Die äußeren Zwischenrippenmuskeln kontrahieren sich und heben den Brustkorb an. Das Thoraxvolumen nimmt zu.

c) Das Zwerchfell entspannt sich, die Zwerchfellkuppel wird angehoben.

d) Das Zwerchfell kontrahiert sich, die Zwerchfellkuppel wird abgesenkt.

e) Inspiration

f) Die inneren Zwischenrippenmuskeln kontrahieren sich und senken den Brustkorb. Das Thoraxvolumen nimmt ab.

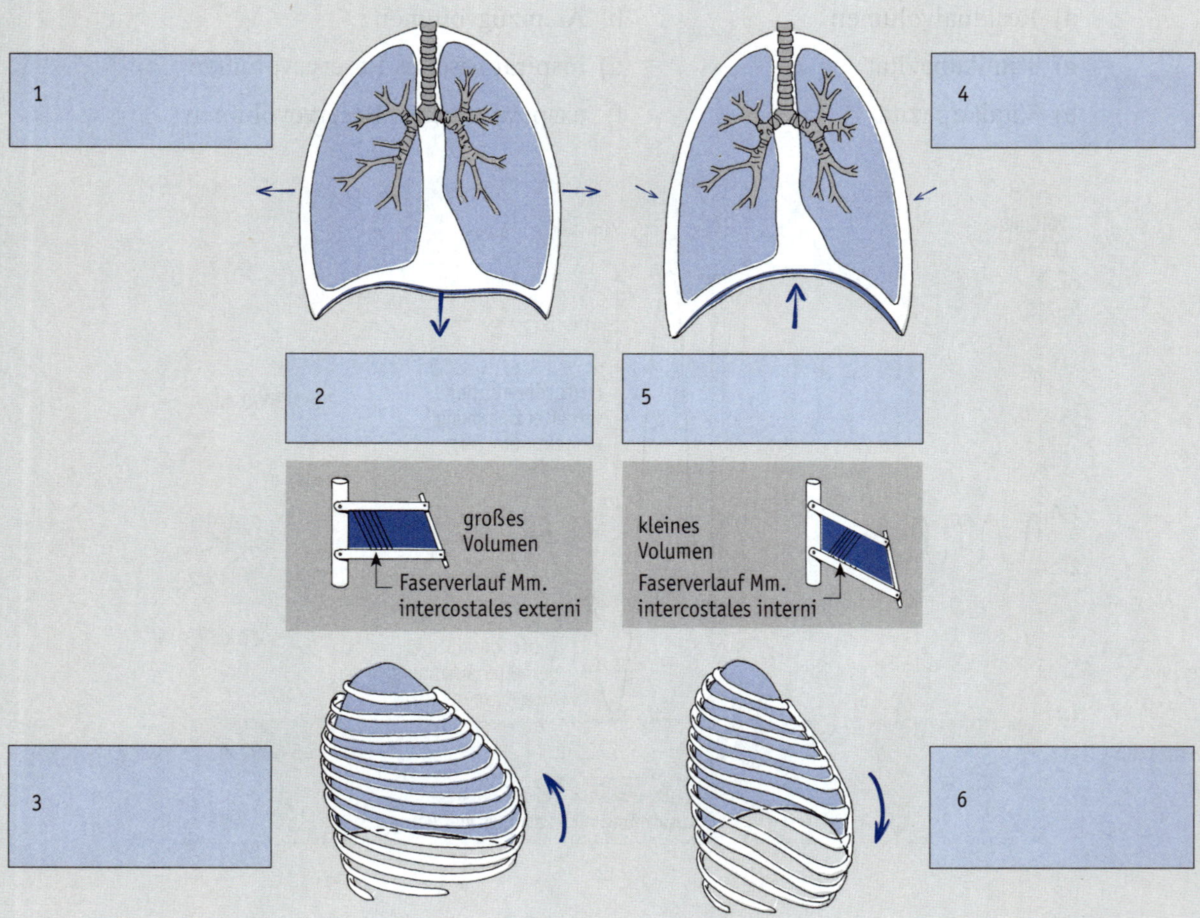

Gasaustausch in den Alveolen

Aufgabe 10
MKK Abb. 17.23
BAP Abb. 17.16

Was geschieht in den Alveolen?
Bitte tragen Sie auf der Abbildung die richtigen Lösungsbuchstaben ein:

a) Ein- und Ausatmung (Mund-Trachea-Lunge-Trachea-Mund)

b) CO_2-reiches, O_2-armes Blut wird in die Lunge transportiert.

c) O_2-reiches Blut wird wieder dem Körperkreislauf zugeführt.

d) CO_2 diffundiert aus der Kapillare durch die Alveolarwand in die Luft, die später ausgeatmet wird.

e) O_2 der eingeatmeten Luft diffundiert durch die Alveolarwand in das Kapillarblut, wo es an Hb gebunden wird.

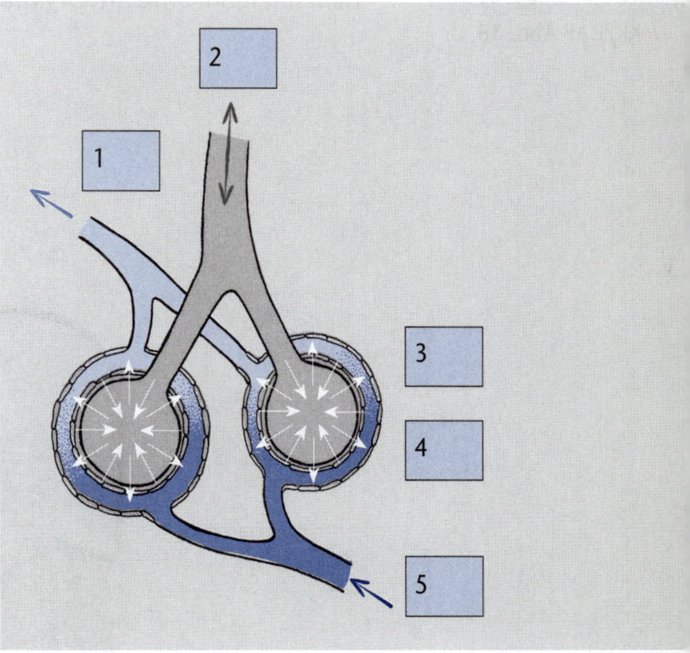

Pneumonie und Prophylaxe

Aufgabe 11
MKK 17.11.2

Bitte ergänzen Sie den folgenden Text zur Vorbeugung und Therapie der Lungenentzündung:

Vor allem ältere und bettlägerige Menschen sind gefährdet, an einer Pn...........nie (oder Lu...........ent............ung) zu erkranken. Symptome sind hohes F.............., Ta.........k......die, schnelle, oberflächliche At.............g, Hu..........r.....z und Aus.........f. Wenn das Rippenfell mitbeteiligt ist, kann die Ein- und Ausatmung schmerzhaft sein; man spricht von einer Pl...........itis. Therapeutisch gibt man S.............stoff und A..............ka; in schweren Fällen ist manchmal eine künstliche Beatmung erforderlich. Wichtigste pflegerische Maßnahme auch zur Vorbeugung ist die regelmäßige At........g.............tik. Ein starker Atemreiz wird durch das Abkl........en mit Fr.........br............w........ erzeugt; zusätzlich soll die Atmung mit At..........tr.........ingsgeräten gefördert werden. Darüber hinaus kommen gegebenenfalls Vib................kl.........massage und en......tr...........ale Absaugung zum Einsatz.

Das Verdauungssystem

Der Verdauungstrakt

Aufgabe 1
MKK/BAP Abb. 18.1

Benennen Sie bitte die Organe auf der Abbildung:

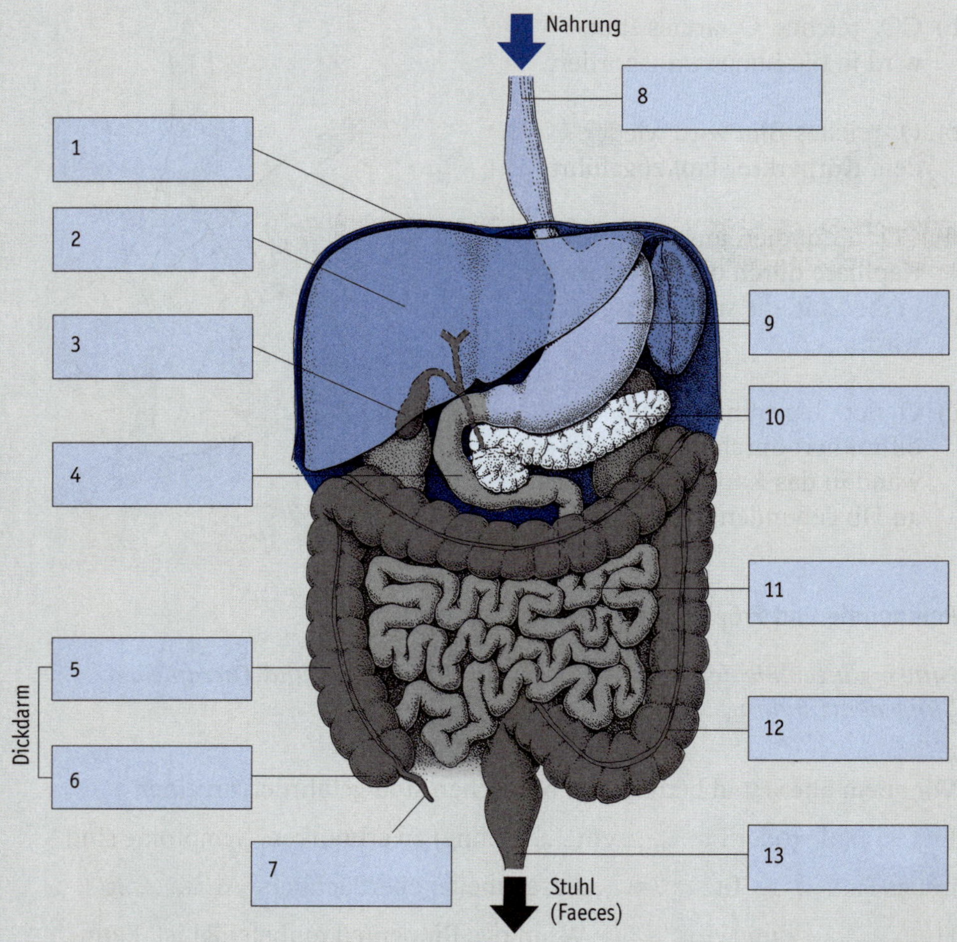

Soor der Mundschleimhaut

Aufgabe 2
MKK 18.2.1

Bitte ergänzen Sie den folgenden Text zum Thema Soor:

Der Soor der Mundschleimhaut ist eine P........infektion. Der Erreger heißt C........ alb....... . Die Infektion äußert sich durch w........... Beläge im Mund, vor allem auf der Z.......... . Diese Infektion muß mit lokaler A..........m...............therapie behandelt werden.

Das Peritoneum

Aufgabe 3
MKK/BAP 18.1.5

Welche Aussage ist falsch?

a) Der Bauchraum ist von einer spiegelglatten Haut, dem Bauchfell oder Peritoneum, ausgekleidet.

b) Das die Wände der Bauchhöhle auskleidende Bauchfell heißt Peritoneum parietale; der Teil, der die Bauchorgane überzieht, heißt Peritoneum viscerale (viscera = Eingeweide).

c) Die Organe, die von allen Seiten mit Peritoneum bedeckt sind, liegen im Peritoneum, also intraperitoneal.

d) Die Organe, die nur an der Vorderseite von Peritoneum bedeckt sind, liegen hinter dem Bauchfell, also retroperitoneal (z.B. die Bauchspeicheldrüse).

e) Alle Bauchorgane liegen intraperitoneal.

Das akute Abdomen

Aufgabe 4
MKK 18.1.5

Was kann sich hinter einem „akuten Abdomen", einem mit starken Schmerzen im Bauchraum verknüpften Notfall, an dem die Bauchorgane beteiligt sind, verbergen? Kreuzen Sie die 4 richtigen Antworten an:

a) Obstipation (Verstopfung)

b) akute Appendizitis (Blinddarmentzündung)

c) perforiertes (durchgebrochenes) Magengeschwür

d) Nabelentzündung

e) Gallensteineinklemmung

f) akute Pankreatitis (Bauchspeicheldrüsenentzündung)

g) Meteorismus (Blähungen)

Das Erwachsenengebiss

Aufgabe 5
MKK/BAP 18.2.2

Welche Aussagen treffen zu?

a) Das Erwachsenengebiss hat insgesamt 36 Zähne.

b) Das Erwachsenengebiss hat insgesamt 32 Zähne.

c) Pro Kiefer hat das Gebiss des Erwachsenen 2 Schneidezähne und 4 Backenzähne.

d) Pro Kiefer hat das Gebiss des Erwachsenen 4 Schneidezähne und 4 Backenzähne.

e) Jeder gesunde Erwachsene hat oben und unten jeweils 3 Mahlzähne.

Aufgabe 6
MKK 18.2.7

Der Schluckakt

Bitte bringen Sie die Aussagen zum Ablauf des Schluckakts in die richtige Reihenfolge.

1) Der Nasen-Rachenraum wird durch Anheben des Gaumensegels und gleichzeitige Kontraktion der Rachenwand abgedichtet.
2) Die Zunge schiebt die Nahrung nach hinten in den Rachen .
3) Mit dem Verschluß des kreuzenden Atemwegs kommt es zu einer Kontraktionswelle der Rachenmuskulatur.
4) Durch Kontraktion der Mundbodenmuskulatur verschließt sich der Kehlkopfeingang, so daß der Nahrungseintritt in die Luftröhre verhindert wird.
5) Die Auslösung des reflektorischen Schluckvorganges erfolgt durch Reizung entsprechender Sinneszellen.

Aufgabe 7
MKK 18.3.3

Ösophagus-Erkrankungen

Bitte ordnen Sie zu:

1) Refluxösophagitis
2) Ösophagusvarizen
3) Ösophaguskarzinom
4) Ösophagusatresie

a) Krampfadern in der Speiseröhre
b) Entzündung der Speiseröhre durch Rückfluß von Magensaft in die Speiseröhre bei unzureichendem Schluß des Magenmundes
c) angeborener Verschluss der Speiseröhre
d) bösartige Entartung des Plattenepithels in der Speiseröhre, u.a. begünstigt durch Alkohol

Der Magen

Aufgabe 8
MKK 18.4

Silbenrätsel

a - ant - be - da - dia - ga - kar - kor - kus - leg - len - lo - pus - py - rus - schmerz - spät - sti - tis - ul - zel - zi

a) Magenmund ....

b) Magenkörper ....

c) Magenpförtner ....

d) Bildungsort der Salzsäure ....

e) Entzündung der Magenschleimhaut ....

f) Umschriebener Gewebsdefekt, der die Schleimhaut in ganzer Tiefe erfaßt ....

g) Säurebindende Pharmaka ....

h) Typische Beschwerden beim Ulkus des Duodenums (Zwölffingerdarm) ....

Der Magenpförtner (Pylorus)

Aufgabe 9
MKK 18.4.6
BAP 18.4.5

Die Geschwindigkeit der Magenentleerung hängt von der Zusammensetzung der Nahrung ab. Bitte ordnen Sie zu, wie lange die verschiedenen Nahrungsmittel im Magen verweilen:

1) 1-2 Stunden
2) 3-4 Stunden
3) 6-7 Stunden
4) ewig

a) Eier, Braten, Gemüse
b) Getränke, Brot
c) Milchflaschen
d) Weihnachtsgans, fette Wurst

Aufgabe 10
MKK 18.4.7

Das Magenkarzinom

Welche Aussagen treffen nicht zu?

a) Das Magenkarzinom kommt relativ selten vor.
b) Ein Fünftel aller bösartigen Tumoren betreffen den Magen.
c) Die Prognose ist schlecht, da der Tumor sehr früh metastasiert.
d) Als Therapie kommt nur die operative Entfernung des Magens in Frage, da Strahlen- und Chemotherapie erfolglos sind.
e) Die Diagnose wird durch Endoskopie plus histologischer Untersuchung von Magengewebe gestellt werden.
f) Die Diagnose wird allein durch die Schilderung der Beschwerden (Appetitlosigkeit und häufige Magenbeschwerden) ermitteln.

Aufgabe 11
MKK Abb. 18.37
BAP Abb. 18.26

Gallenwege und Pankreasgang

Bitte beschriften Sie die Abbildung mit Hilfe folgender Begriffe:

a) Papille (Papilla duodeni maior)
b) Duodenum
c) Ductus hepaticus communis
d) Gallenblasengang (Ductus cysticus)
e) Pankreasgang (Ductus pancreaticus)
f) Gallenblase
g) Ductus choledochus

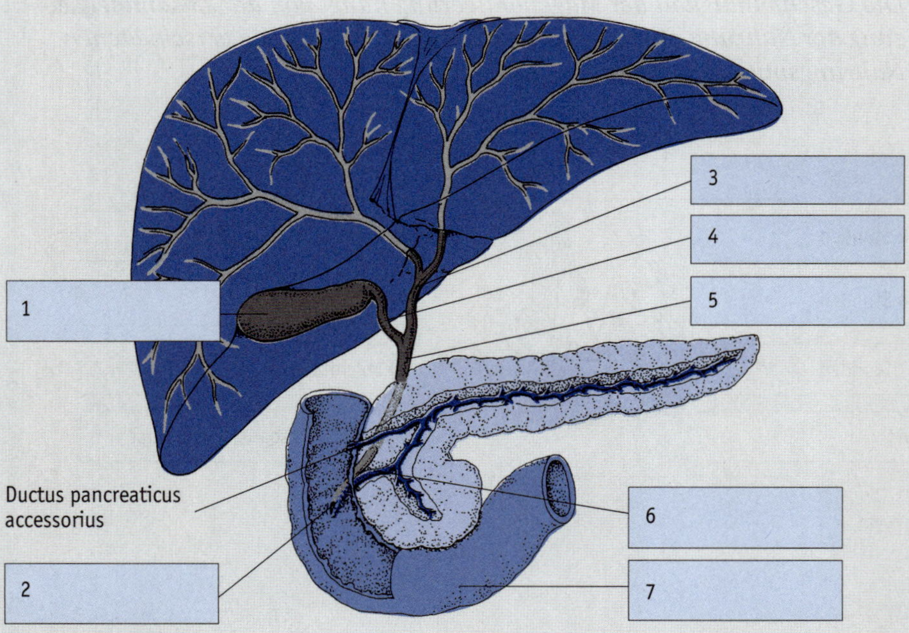

Die Gallenblase

Aufgabe 12
MKK 18.6.6

Bitte ergänzen Sie den folgenden Satz zum Thema Gallenblase:

Das Gallensteinleiden (Ch..........................) ist die bei weitem häufigste Erkrankung im re........... Oberbauch. Wird ein Stein eingeklemmt, dann kommt es meist zur G...........k............ . Zu ihrer Therapie gehören eine N......diät, k............lösende Medikamente und eventuell auch Sch...........mittel.

Der Pankreassaft

Aufgabe 13
MKK 18.6.1
BAP 18.6.2

Welche Substanz gehört nicht zu den Verdauungsenzymen des Pankreas?

a) Trypsin
b) Amylase
c) Bilirubin
d) Lipase
e) Chymotrypsin

Die Leber

Aufgabe 14
MKK 18.10
BAP 18.9.3

Bitte ergänzen Sie den folgenden Text zu den Stoffwechselfunktionen der Leber:

Zum Abbau körpereigener und -fremder Stoffe besitzt die Leber En...y......., die die Stoffe so umbauen, dass w...............lösliche Stoffe über die Niere und f.......lösliche über die Galle ausgeschieden werden können. Natürlich werden auch Me......ka........... umgebaut und damit inaktiviert, wenn sie die Leber passieren. Diese Inaktivierung von oral zugeführten Arzneistoffen in der Leber nennt man F........t p......s E.........kt. Man kann ihn umgehen, indem man das Medikament par...........al verabreicht, z.B. int............nös oder int......m..........lär. Auf diesem Wege haben Medikamente eine stärkere und länger andauernde Wirkung.

Aufgabe 15
MKK 18.10

Die Leber und ihre Erkrankungen

Bitte lösen Sie das folgende Kreuzworträtsel:

Aufgabe 16
MKK/BAP
18.5.1 + 18.8

Dünndarm und Dickdarm

Welche der genannten Darmabschnitte gehören zum Dünn- , welche zum Dickdarm? Bitte ordnen Sie zu:

Der Dünndarm

Aufgabe 17
MKK/BAP 18.5.3

Welche für den Dünndarm typischen Strukturen dienen zur Vergrößerung der Resorptionsfläche?

a) Kerckringsche Falten
b) Krypten
c) Becherzellen
d) Zotten
e) Mikrovilli
f) Brunner-Drüsen

Dickdarm

Aufgabe 18
MKK/BAP 18.8

Kreuzworträtsel zum Dickdarm, zur Verdauung und zu Erkrankungen des Darmes:

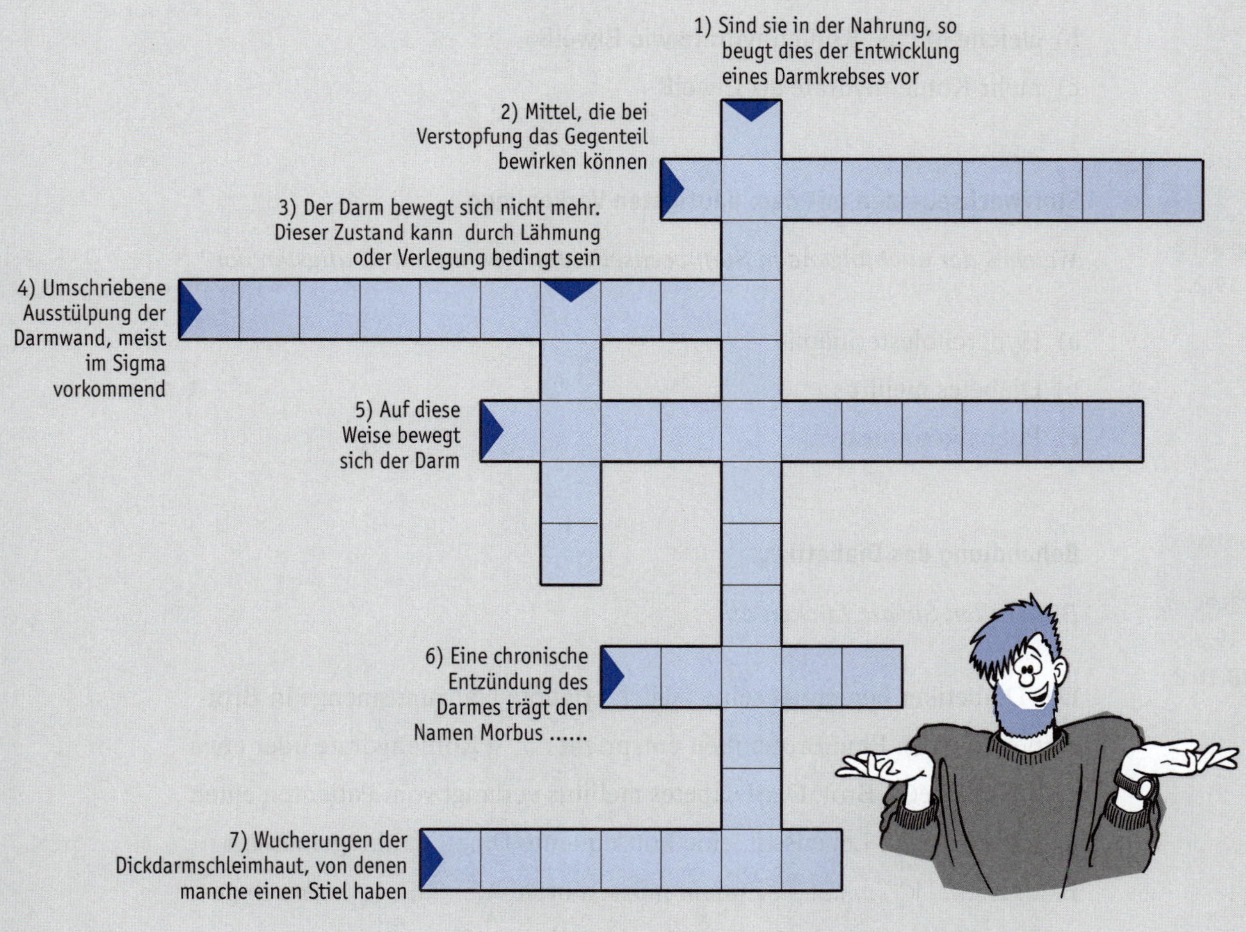

Stoffwechsel und Ernährung

Aufgabe 1
MKK 19.1
BAP 18.10.1

Täglicher Kalorienbedarf

Welche Energiemenge benötigt ein körperlich nicht schwer arbeitender Mensch (Bürotätigkeit) durchschnittlich pro Tag?

a) 1500 kcal b) 2000 kcal c) 3500 kcal d) 2500 kcal

Aufgabe 2
MKK 19.1
BAP 18.10.1

Zusammensetzung der Nahrung

Der Anteil von Fett an der Nahrung sollte nur etwa $^1/_6$ betragen. Welchen Anteil sollten Eiweiß und Kohlenhydrate idealerweise haben?

a) mehr Eiweiß als Kohlenhydrate
b) gleiche Menge Kohlenhydrate wie Eiweiß
c) mehr Kohlenhydrate als Eiweiß

Aufgabe 3
MKK 19.2.2

Stoffwechselleiden mit dem häufigsten Vorkommen

Welches der nachfolgenden Stoffwechselleiden kommt am häufigsten vor?

a) Hypercholesterinämie
b) Diabetes mellitus
c) Phenylketonurie

Aufgabe 4
MKK 19.2.5
BAP 18.10.2

Behandlung des Diabetikers

Bitte füllen Sie die Lücken aus:

Der Diabetiker berechnet seine täglich erlaubte Nahrungsmenge in Broteinheiten (BE). Eine Broteinheit entspricht ...... g Kohlehydrate oder etwa .... Scheibe(n) Brot. Der Diabetes mellitus verlangt vom Patienten einen r..........m............. Lebensstil, eine konsequente D........ und regelmäßige B.......z..........k................. . Zudem müssen orale A........d............ika eingenommen oder eine oder mehrere Injektionen von I................. gesetzt werden.

Insulininjektion

Aufgabe 5
MKK Abb. 19.8

Bitte zeichnen Sie auf der Darstellung die bevorzugten(a) und alternativen (b) Injektionsstellen zur Insulininjektion bei Diabetikern ein:

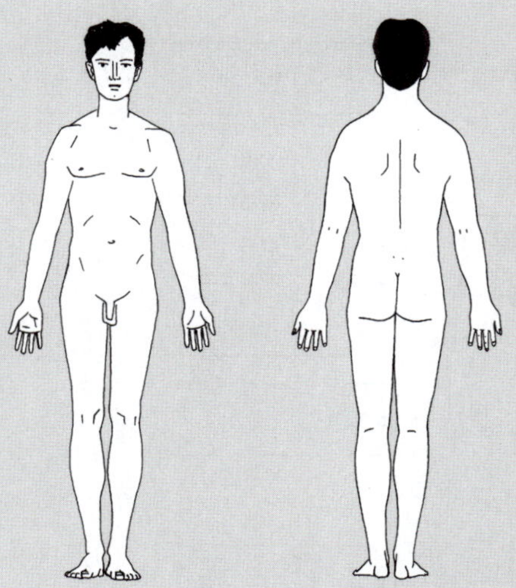

Akute diabetische Notfälle

Aufgabe 6
MKK 19.2.3 + 19.2.4

Kreuzen Sie bitte die akut lebensbedrohlichen Entwicklungen eines Diabetes mellitus an:

a) Polyneuropathie

b) Coma diabeticum

c) Hypoglykämischer Schock

Mögliche Folgen eines Diabetes mellitus

Aufgabe 7
MKK 19.2.3 + 19.2.4

Bitte ordnen Sie die Begriffe in Aufgabe 6 den Definitionen zu:

1) durch zu wenig Zucker im Blut ausgelöster Zustand ....

2) durch zu viel Zucker im Blut ausgelöster Zustand ....

3) Störung der Sensibilität, Schmerzen; Erkrankung der peripheren Nerven. ....

Aufgabe 8
MKK Abb. 19.6

Diabetische Spätschäden

Benennen Sie die auf der Abbildung angedeuteten diabetischen Spätschäden:

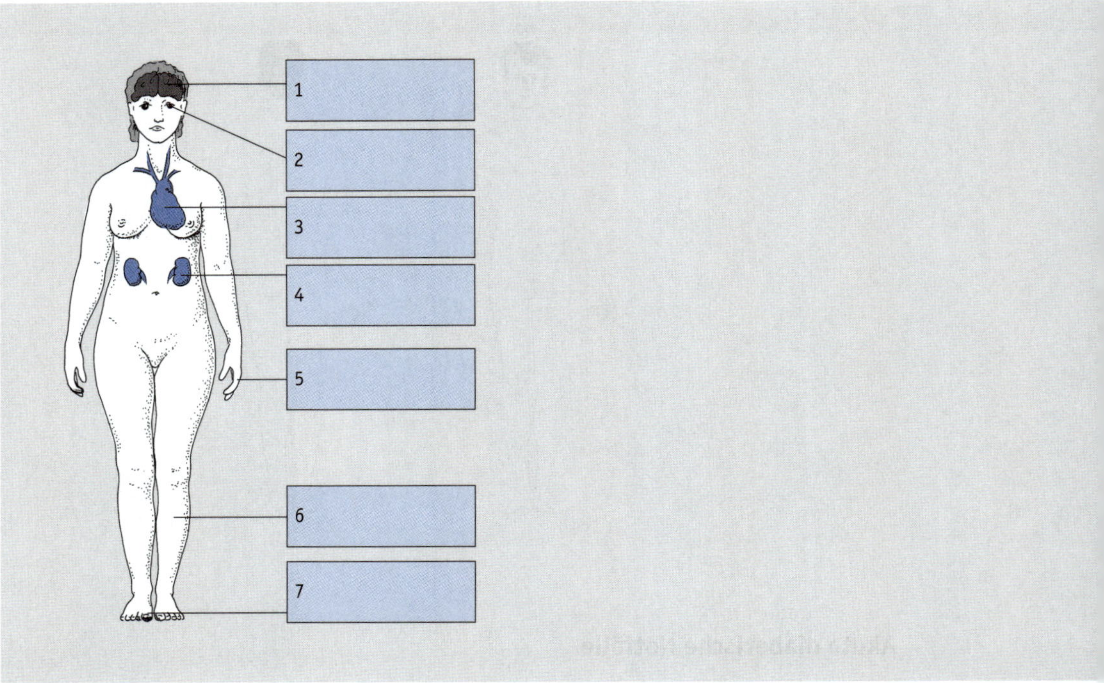

Aufgabe 9
MKK 19.4
BAP 18.10.4
+ Abb. 18.42

Normal- und Idealgewicht

Bitte berechnen Sie nach der Formel von Broca das Normal- und Idealgewicht einer Patientin, die 165 cm groß ist.
Wählen Sie zunächst die richtige Formel aus und rechnen Sie dann:

a) Körperlänge in cm - 50 = Normalgewicht in Pfund
Idealgewicht = Normalgewicht + 10%

b) Körperlänge in cm minus 100 = Normalgewicht in kg
Idealgewicht = Normalgewicht - 15%

c) Körperlänge in cm - 120 = Idealgewicht in kg
Normalgewicht = Idealgewicht + 50%

Die Patientin hat ein Normalgewicht von .... kg und ein Idealgewicht von .... kg.

Vitamine

Aufgabe 10
MKK 19.6
BAP 18.10.5

Wer benötigt am unwahrscheinlichsten eine zusätzliche Vitaminzufuhr?

a) Die schwangere Frau

b) Der gesunde Erwachsene, der sich ausgewogen ernährt

c) Personen mit einseitiger oder „junk food"-Ernährung

d) Personen mit Resorptionsstörungen

e) Säuglinge

Vitaminmangelerscheinungen

Aufgabe 11
MKK 19.6
BAP 18.10.5

Bitte ordnen Sie zu:

1) Vitamin A	a) Dermatitis
2) Vitamin D	b) Nachtblindheit
3) Vitamin B_2	c) Knochenstoffwechselstörung
4) Vitamin C	d) Infektanfälligkeit

Ballaststoffe

Aufgabe 12
MKK 19.8
BAP 18.10.7

Bitte ergänzen Sie den Text:

Den .... (Schlacken) kommt für die normale Magen-Darm-Passage eine erhebliche Bedeutung zu. Durch ihr Volumen regen sie die Darmp...................... an und fördern den Tr................ des Nahrungsbreis. Werden sie nur in geringer Menge zugeführt, so neigen die meisten Menschen zu V........................ . Als Mindestmenge an Ballaststoffen werden ..... g täglich in Form von V...................produkten, K..............ln, G.............. oder Obst empfohlen.

Aufgabe 13
MKK 19.10

Parenterale Ernährung

Welche Applikationsform ist für folgende Lösungen geeignet?

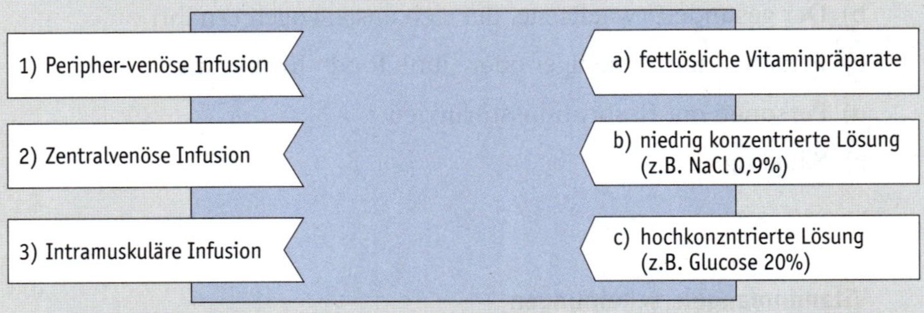

Aufgabe 14
MKK 19.7.2

Spurenelemente

Welche Spurenelemente sind essenziell?

a) Eisen
b) Gold
c) Fluor
d) Jod
e) Aluminium

20 Niere, Harnwege, Wasser- und Elektrolythaushalt

Harntrakt

Aufgabe 1
MKK 20.5
BAP Abb. 19.1

Was gehört nicht zum Harntrakt?

a) 2 Nieren (Ren)
b) 2 Harnleiter (Ureter)
c) die Harnblase (Vesica urinaria)
d) die Vorsteherdrüse (Prostata)
e) die Harnröhre (Urethra)

Strukturen der Niere

Aufgabe 2
MKK Abb. 20.3
BAP Abb. 19.3

Bitte beschriften Sie die Abbildung mit folgenden Begriffen:

a) Nierenbecken b) Nierenkelch c) Nierenarterie
d) Nierenvene e) Nierenmark f) Nierenrinde

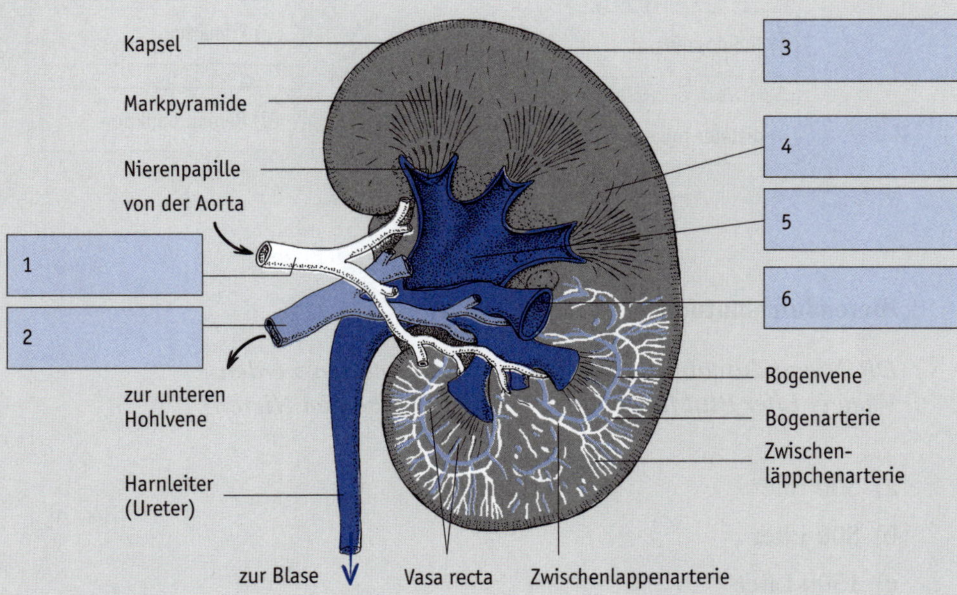

Aufgabe 3
MKK 20.1
BAP 19.1

Niere allgemein

Welche Aussagen über die Niere treffen zu?

a) Die Niere hat die Aufgabe, Stoffwechselendprodukte auszuscheiden.

b) Die Niere reguliert den Elektrolythaushalt und das Säure-Basen-Gleichgewicht.

c) Die Nieren sind jeweils von einer Nierenkapsel umgeben, die sie vor Stoßverletzungen schützt.

d) Im Inneren der Niere liegt das Nierenbecken, das nach außen hin von der Nierenrinde umgeben wird.

Aufgabe 4
MKK 20.1.4-20.1.5
BAP 19.1.4-19.1.5

Nierenfunktion

Bitte ordnen Sie zu:

1) Glomerulum (Nierenkörperchen)	a) Sekundärharn
2) juxtaglomerulärer Apparat	b) Wasserrückresorption
3) Tubulusapparat	c) Primärharn
4) distaler Tubulus	d) Reninproduktion

Aufgabe 5
MKK 20.2.2
BAP 19.2.2

Nierendurchblutung

Die Nierendurchblutung muss konstant gehalten werden.
Wieviel Liter Blut fließen täglich durch die beiden Nieren?

a) 500 Liter

b) 800 Liter

c) 1500 Liter

Niere als endokrines Organ

Aufgabe 6
MKK 20.3
BAP 19.3 +
Tab. 13.21

Welche der folgenden Aussagen sind richtig?

a) Die Niere hat neben ihrer Funktion als Ausscheidungsorgan auch Eigenschaften einer Hormondrüse.
b) Ein wichtiges von der Niere gebildetes Hormon ist das Sekretin.
c) Erythropoetin bewirkt eine gesteigerte Neubildung von roten Blutkörperchen im Knochenmark.
d) Renin wird in den Zellen des Harnleiters gebildet.
e) Renin reguliert als Teil des Renin-Angiotensin-Aldosteron-Mechanismus Blutdruck, Natriumhaushalt und Nierendurchblutung.

Filtrationskapazität der Niere

Aufgabe 7
MKK 20.2.1
BAP 19.2.1

Bitte ergänzen Sie folgenden Text:

Die Glomerulumfiltratmenge, die sämtliche Nierenkörperchen beider Nieren pro Zeiteinheit erzeugen, bezeichnet man als gl..............äre F...................r....... (GFR). Sie beträgt beim jungen Erwachsenen ca. ..... ml pro Minute. Dies entspricht einer Gesamtmenge von .... l Glomerulumfiltrat täglich. Das gesamte Blutplasmavolumen (3 l) wird also etwa 60mal täglich in den Nieren filtriert.

Glomerulärer Blutdruck

Aufgabe 8
MKK 20.2.1
BAP 19.2.1

Auf wieviel mmHg stellt sich der glomeruläre Blutdruck (Blutdruck im Nierenkörperchen) im Normalfall konstant ein?

a) 20 mmHg b) 50 mmHg c) 120 mmHg

Aufgabe 9
MKK Abb. 20.13
BAP Abb. 19.13

Urinsediment

Welche Bestandteile eines Urinsedimentes sind relativ sichere Hinweise auf Krankheiten? Und wo sind sie auf der Abbildung?

a) Hefen
b) Bakterien
c) Leukozytenzylinder
d) Erythrozyten
e) Erythrozytenzylinder
f) Leukozyten

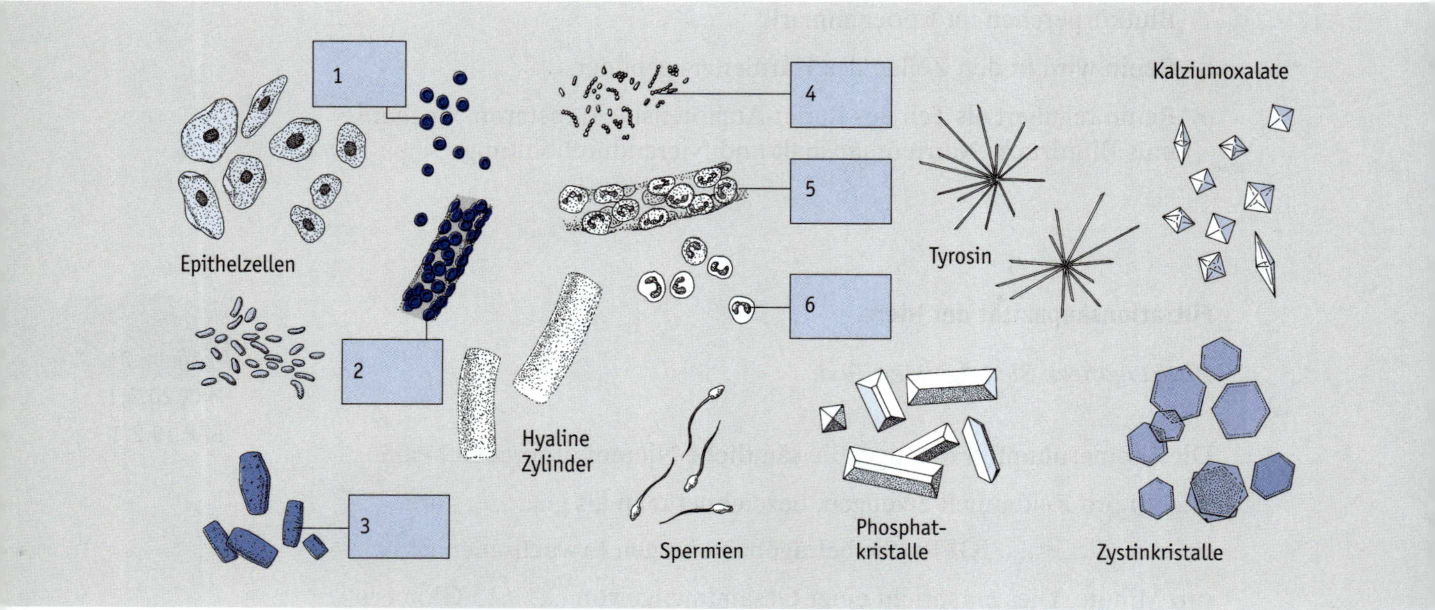

Aufgabe 10
MKK 20.4.1
BAP 19.4.1

Bestandteile des „gesunden" Urins

Was gehört nicht dazu?

a) Harnstoff
b) Glukose
c) Harnsäure
d) Kochsalz
e) Kreatinin
f) Phosphate

Die Harnblase der Frau

Aufgabe 11
MKK Abb. 20.14
BAP Abb. 19.14

Bitte beschriften Sie die Abbildung mit folgenden Begriffen:

a) rechter Harnleiter (Ureter)
b) linker Harnleiter (Ureter)
c) Mündung des linken Ureters
d) innerer Schließmuskel
e) äußerer Schließmuskel
f) Harnröhre (Urethra)

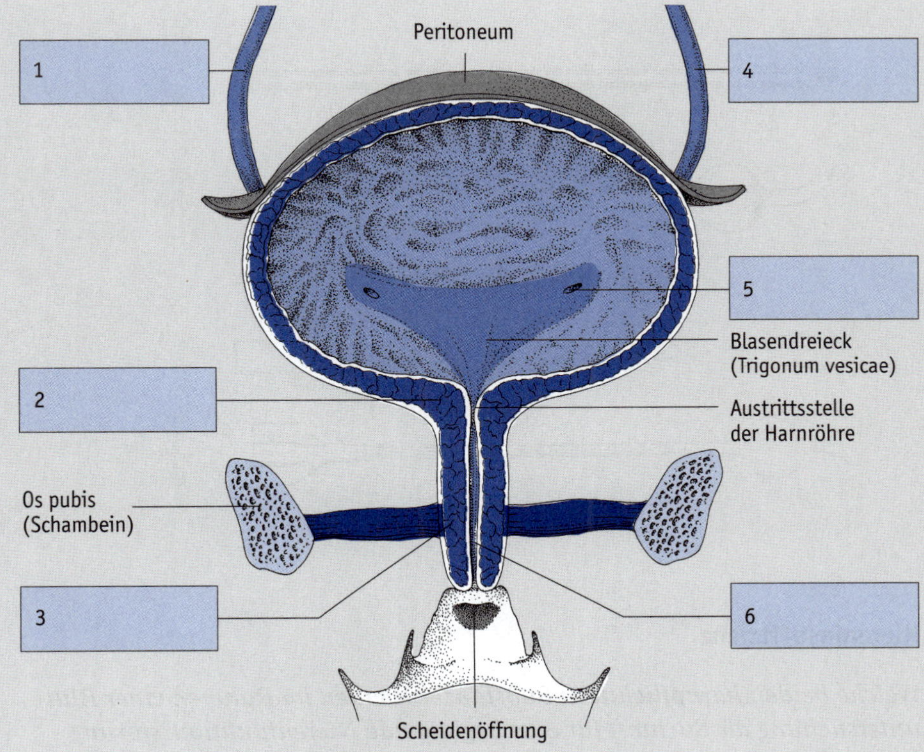

Die Harnblase

Aufgabe 12
MKK 20.5.3
BAP 19.4.3

Welche Aussagen über die Harnblase treffen zu?

a) Die Harnblase ist ein Hohlorgan.
b) Die Harnblase besteht aus quergestreifter Muskulatur.
c) Von der rechten und linken Niere ausgehend münden die Harnleiter in die Harnblase.
d) Die Urethra leitet den Harn aus dem unteren Teil der Harnblase ab.

Aufgabe 13
MKK Abb. 20.17

Blasenkatheter

Bitte benennen sie die Katheter, die auf der Abbildung zu sehen sind.

a) Nelaton Dauerkatheter (Frauen)
b) Nelaton Einmalkatheter
c) Hämaturie-Spülkatheter
d) Tiemann Dauerkatheter

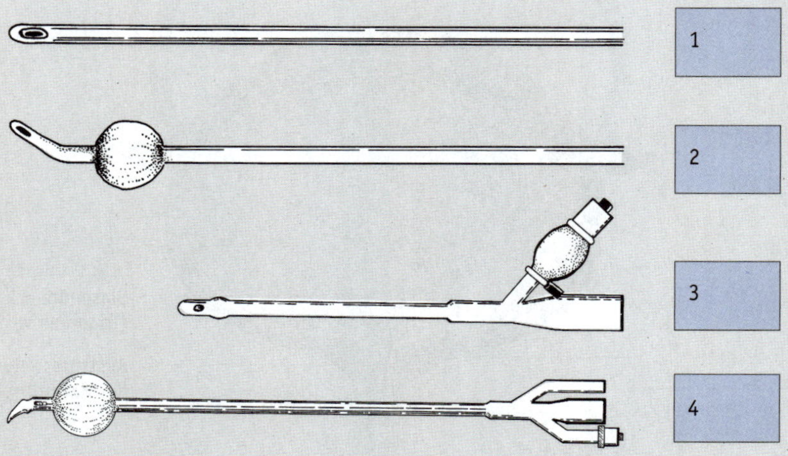

Aufgabe 14
MKK 20.6
BAP 19.6

Niereninsuffizienz

Welche beiden harnpflichtigen Substanzen werden im Rahmen einer Blutuntersuchung als Suchtest für eine beginnende Nierenfunktionsstörung herangezogen?

a) Glukose
b) Harnstoff
c) Harnsäure
d) Kreatinin

Der Wasser- und Elektrolythaushalt

Aufgabe 15
MKK 20.7 + 20.8

Der Wassergehalt des menschlichen Körpers macht etwa ....% seines Körpergewichts aus. Ein gesunder Erwachsener nimmt im Schnitt ca. ....ml täglich durch Getränke und ....ml durch feste Nahrung zu sich. Hinzu kommen noch ca. .... ml O..................w.............r. Wird mehr Wasser ausgeschieden als zugeführt, entsteht eine U.................... (D..........................). Dieser Zustand ist meist mit einer H...........n................ie gekoppelt und man spricht daher von einer .... Dehydratation. Die Patienten zeigen Symptome des V..................................... Bei Kaliummangel oder -überschuss kommt es zu Störungen der n...........m...................... E...................l...............g und H.........rh................gen.

Säure-Basen-Haushalt

Aufgabe 16
MKK 20.9

Welche Gegenregulationsmechanismen setzt der Organismus ein?

1) Respiratorische Alkalose	a) Verstärkte Abatmung von Kohlendioxid
2) Metabolische Alkalose	b) Verringerung der Atemfrequenz
3) Metabolische Azidose	c) Vermehrte H+-Ionen-Ausscheidung durch die Nieren
4) Respiratorische Azidose	d) Vermehrte Bikarbonatausscheidung durch die Nieren

Geschlechtsorgane, Sexualität

Männliche Unterleibsorgane

Aufgabe 1
MKK Abb. 21.1
BAP Abb. 20.1

Bitte vervollständigen Sie die Beschriftung der Abbildung:

a) Symphyse
b) Prostata
c) Hoden
d) Hodensack
e) Corpus cavernosum
f) Samenbläschen
g) Nebenhoden
h) Corpus spongiosum

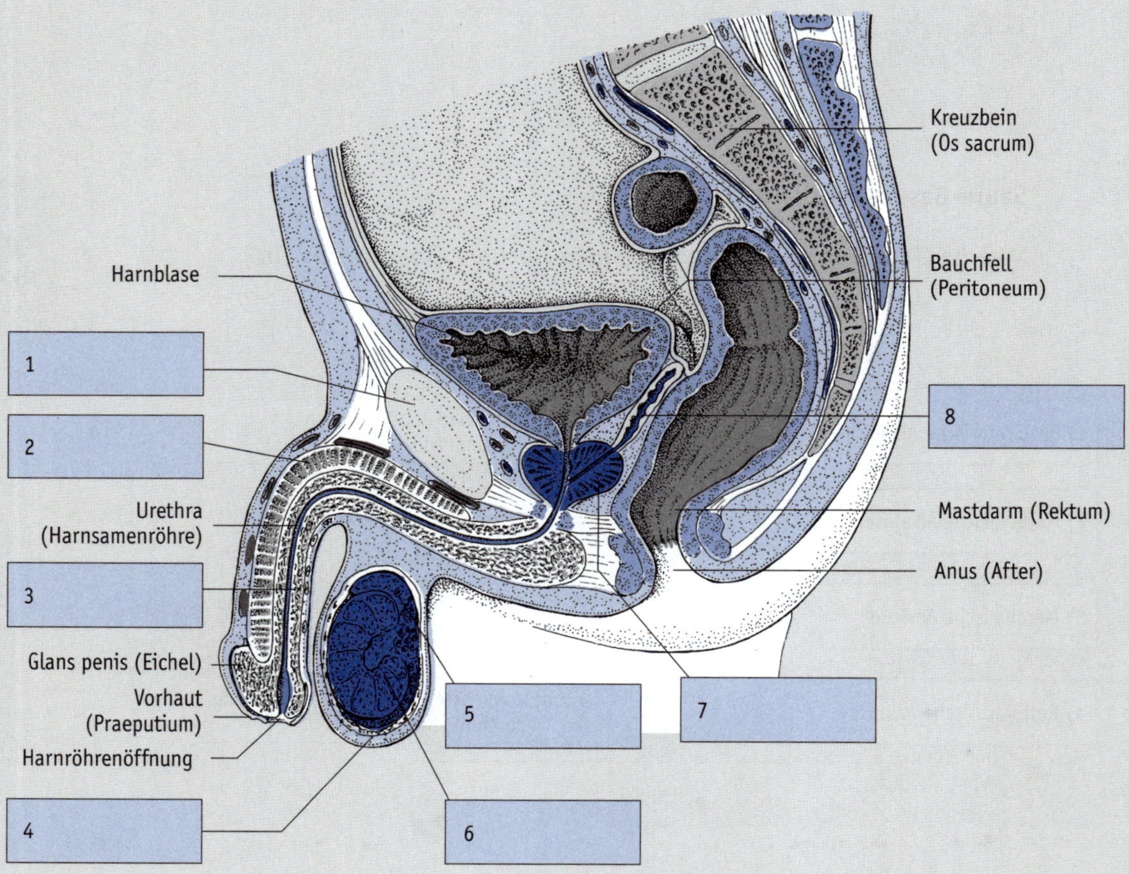

Männliche Sexualhormone

Aufgabe 2
MKK 21.1.3
BAP 20.1.3

Welche Wirkung besitzt das Sexualhormon Testosteron?

a) Anregung von Hoden- und Peniswachstum
b) Ausbildung der sekundären männlichen Geschlechtsmerkmale
c) Stimulation des Geschlechtstriebs
d) Förderung des Haarwuchses im Alter
e) Stimulation der Spermienreifung

Weibliche Unterleibsorgane

Aufgabe 3
MKK Abb. 21.11
BAP Abb. 20.7

Bitte beschriften Sie die Abbildung mit folgenden Begriffen:

a) Gebärmutter
b) Scheide (Vagina)
c) Eierstock
d) Eileiter
e) Symphyse
f) Harnröhre

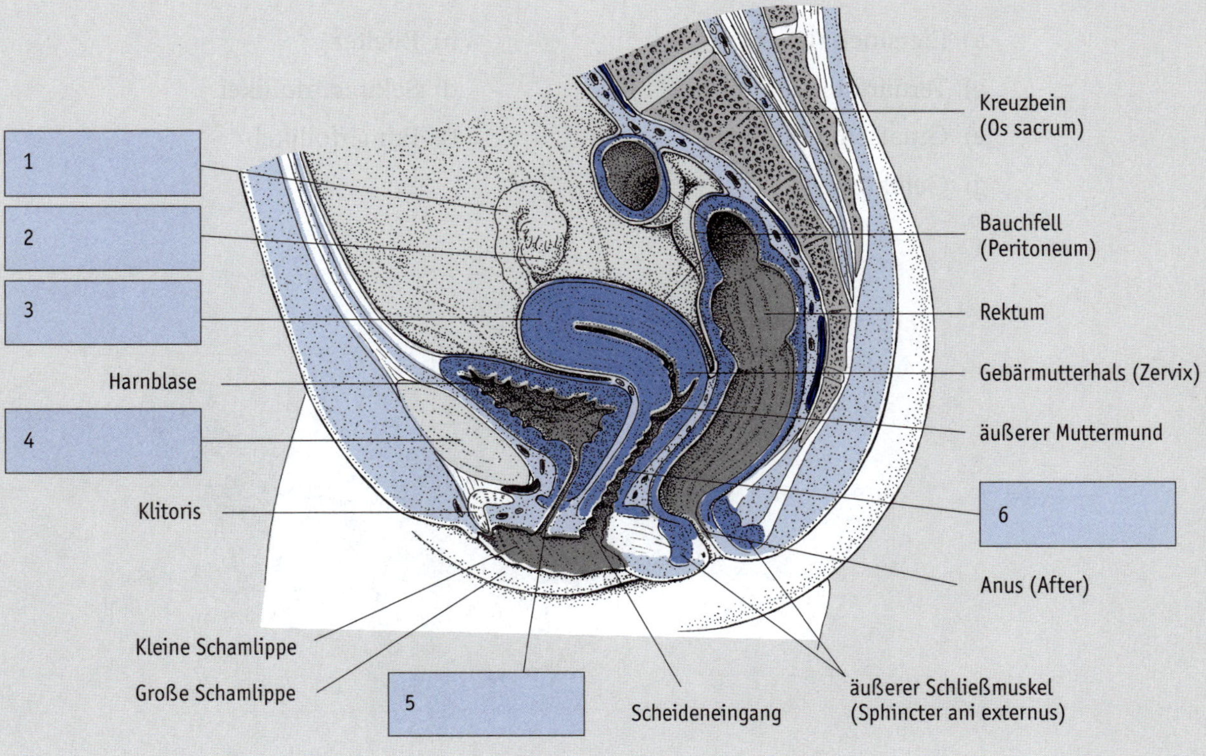

Aufgabe 4
MKK 21.1 + 21.2
BAP 20.1 + 20.2

Primäre und sekundäre Geschlechtsmerkmale bei Frau und Mann

Bitte ordnen Sie zu:

1) primäre Geschlechtsmerkmale
2) sekundäre Geschlechtsmerkmale

a) Hoden
b) Gebärmutter
c) Brüste
d) Penis
e) Bartwuchs
f) Eierstöcke

Aufgabe 5
MKK Abb. 21.13
BAP Abb. 20.8

Eisprung und Ovulation

Bitte beschriften Sie die Abbildung:

a) Eierstock (Ovar)
b) Eileiter
c) Tertiärfollikel
d) Sekundärfollikel
e) Graafscher Follikel
f) Primärfollikel
g) Gelbkörper

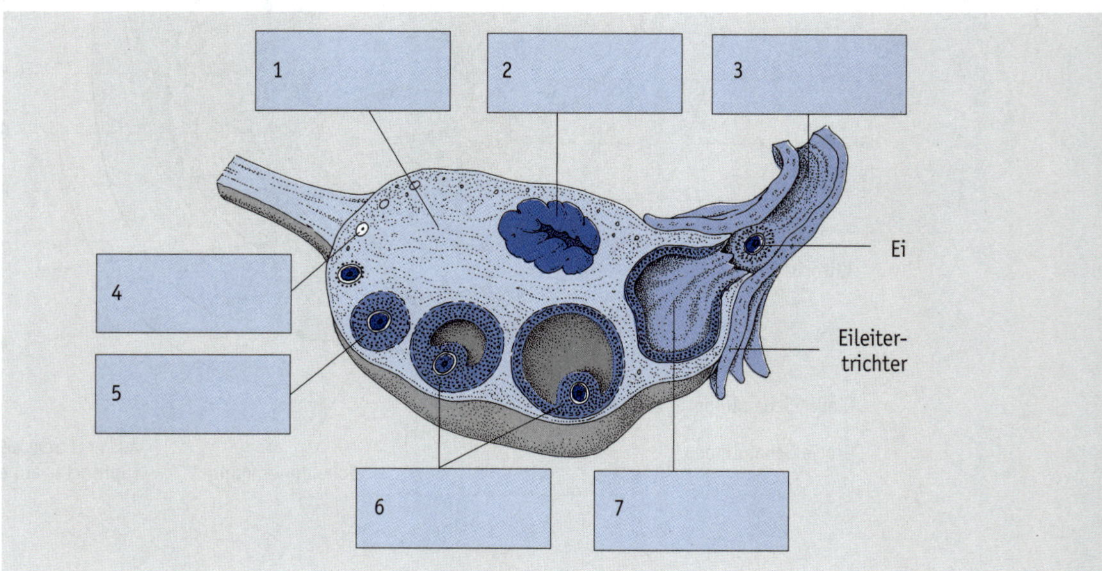

Weibliche Sexualhormone

Aufgabe 6
MKK 21.2.5
BAP 20.2.5

Bitte ordnen Sie zu:

1) Östrogen
2) Progesteron

a) wird hauptsächlich in der zweiten Zyklushäfte sezerniert
b) bereitet die Milchbildung (Laktation) vor
c) sorgt für den Wiederaufbau der Uterusschleimhaut nach der Menstruation
d) fördert den Knochenaufbau
e) wird vor allem in der ersten Zyklushälfte ausgeschüttet
f) bereitet die Uterusschleimhaut für die Einnistung der Frucht vor

Weibliche Brust und Brustkrebs

Aufgabe 7
MKK 21.2.10
BAP 20.2.9

Welche Anzeichen können auf einen bösartigen Tumor der weiblichen Brust hinweisen?

a) Verlust der Verschieblichkeit des Drüsengewebes auf dem Brustmuskel
b) Knoten
c) Sekrete, die die Brustwarze absondert
d) Hautveränderungen an der Brust („Orangenhaut“, Hauteinziehungen)

Der Menstruationszyklus

Aufgabe 8
MKK 21.2.6
BAP 20.2.6

Bitte ordnen Sie Zyklusphasen und Zyklustage einander zu:

1) Sekretionsphase
2) Proliferationsphase
3) Menstruation

a) 5. - 14. Tag
b) 1. - 4. Tag
c) 15. - 28. Tag

Vererbung und Entwicklung, Schwangerschaft und Geburt

Aufgabe 1
MKK 22.1
BAP 21.1

Einnistung der Eizelle

Etwa an welchen Tagen nach Befruchtung der Eizelle kommt es zur Einnistung der Frucht in die Uterusschleimhaut?

a) 1. – 2. Tag

b) 5. – 6. Tag

c) 10. – 20. Tag

Aufgabe 2
MKK 22.2
BAP 21.2

Frühschwangerschaft

Bitte ergänzen Sie den Text:

Ab der 2. Woche im Uterus wird die Ernährung des Embryos vom T...........blast übernommen. Der kindliche Teil der Plazenta besteht aus der Ch...........platte, der mütterliche Teil aus der D................ b.........lis. Zwischen dem mütterlichen und dem kindlichen Blut ist die Pl.............sch............. . Drei Höhlen umgeben den Embryo: der D........s......., die Am.........h........ und die Ch..........h........ . Aus der Amnionhöhle wird die F...........bl........, die Amnionflüssigkeit wird zum Fr..........w............ .

Aufgabe 3
MKK 22.2.1
BAP 21.2.1

Die drei Keimblätter des Embryos

Bitte ordnen Sie die Keimblätter den Organanlagen zu, die sich aus ihnen entwickeln:

1) Ektoderm	a) Atemwege, Verdauungsorgane
2) Mesoderm	b) Nervensystem, Sinnesorgane, Haut
3) Entoderm	c) Herz, Muskeln, Skelett

Blutversorgung des Embryos und später des Feten

Aufgabe 4
MKK 22.3
BAP 21.2.2

Bitte ordnen Sie zu:

1) Nabelschnurvene
2) Nabelschnurarterie

a) führt sauerstoffreiches Blut von der Mutter zum Embryo
b) führt sauerstoffarmes Blut vom Embryo zurück in den Kreislauf der Mutter

Die drei Phasen der Geburt

Aufgabe 5
MKK 22.6
BAP 21.6

Bitte prüfen Sie folgende Aussagen. Welche sind richtig?

a) Die Eröffnungsphase beginnt mit dem Einsetzen der regelmäßigen Wehentätigkeit. Sie dauert 24 Stunden.

b) Die Austreibungsphase beginnt mit der vollständigen Öffnung des Muttermundes und ist mit der Geburt beendet.

c) Die Nachgeburtsphase setzt mit den Nachwehen wenige Minuten nach der Geburt ein.

d) Die Nachwehen unterstützen die Austreibung der Plazenta.

Die Plazenta

Aufgabe 6
MKK 22.2.2

Welche Aussagen zur Plazenta treffen zu?

a) Die Plazenta stellt die immunologische Barriere zwischen kindlichem und mütterlichem Organismus dar.

b) Sie versorgt das Ungeborene mit Nährstoffen und Sauerstoff.

c) Sie bildet Sexual- und Schwangerschaftshormone.

d) Zum Zeitpunkt der Geburt wiegt die Plazenta ca. 1 kg.

e) Kindliche Stoffwechselprodukte werden über die Plazenta abtransportiert.

Aufgabe 7
MKK 22.5

Die Schwangerschaft

Bitte ordnen Sie zu:

1) Erstes Trimenon
2) Zweites Trimenon
3) Drittes Trimenon

a) Übelkeit
b) Zunahme des Blutvolumens
c) Müdigkeit
d) Uterus am Rippenbogen
e) Gewichtszunahme ca. 1,5kg/Monat

Aufgabe 8
MKK Abb. 22.40

Das Wochenbett

Bitte ergänzen Sie folgende Tabelle und zeichnen Sie die Phasen der Uterusrückbildung am 1., 5. und 10. Tag nach der Geburt ein.

Wochen nach Entbindung	*Wochenfluß*	*Uterusgröße*
1. Woche		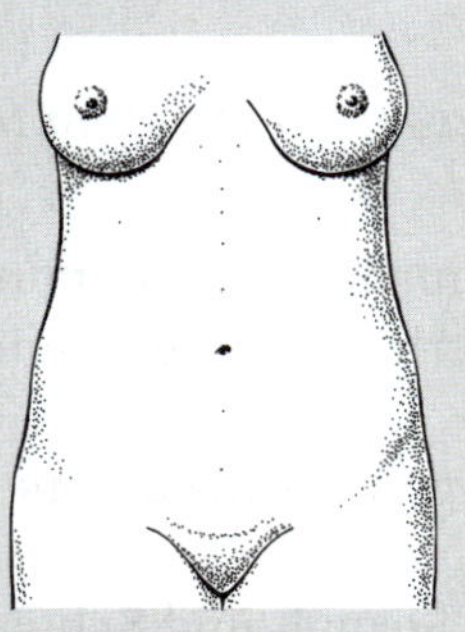
Ende der 1. Woche		
Ende der 2. Woche		
Ende der 3. Woche		
nach ca. 4 – 6 Wochen		

23 Kinder

Das Neugeborene

Aufgabe 1
MKK 23.2
BAP 22.1

Wie lange dauert die Neugeborenenperiode?

a) 1 Tag
b) 3 Tage
c) 14 Tage
d) 28 Tage
e) 3 Monate

APGAR-Untersuchung des Neugeborenen

Aufgabe 2
MKK 23.2.2

Was wird innerhalb der ersten Lebensminuten des Kindes untersucht?

a) A....................
b) P....................
c) G....................
d) A....................
e) R....................

Frühgeborene

Aufgabe 3
MKK 23.3.1
BAP 22.2.3

Bitte ergänzen Sie den Text:

Kinder, die vor der vollendeten .... Schwangerschaftswoche zur Welt kommen, werden als F..................orene bezeichnet. Diesen Kindern drohen Erkrankungen und spätere Behinderungen, da alle wichtigen Organe noch mehr oder weniger unreif sind, vor allem L...........e, Gef..............stem und Z......... . Manche Kinder sind auch noch durch Inf.........ionen oder F...........b.....dungen belastet. Ganz entscheidend für das Ausmaß der Anp..................störungen ist die Tr...........zeit des Frühgeborenen: je jünger, desto unr........er. Die häufigsten Komplikationen sind At..............rungen, mangelnde Umstellung des f.........alen Kr........l.......fs mit Herzschwäche, Hirnblutungen oder S.............st.......mangel des Gehirns. Folgen können später z.B. Konz..............tions- und L...........störungen, Kra................fälle, H.........- und S.........störungen sein. Positiv auf die weitere Entwicklung des Kindes wirken neben Brutkasten und Sauerstoff vor allem menschliche Wärme, Zuw..........ung und Kö...........k......takt.

Aufgabe 4
MKK 23.2.2
BAP 22.2.2

Äußere Reifezeichen des Neugeborenen

Welche Zeichen zeigen eine abgeschlossene intrauterine Entwicklung des Kindes an (mehrere Antworten sind richtig)?

a) Lanugobehaarung am ganzen Körper
b) rosige bis krebsrote Haut
c) tastbare Ohr- und Nasenknorpel
d) Fußsohlenfalten verlaufen nur im Bereich der Zehen
e) Hoden sind im Hodensack bzw. große Schamlippen bedecken die kleinen Schamlippen
f) Käseschmiere

Aufgabe 5
MKK 23.2.1
BAP 22.2.1

Anpassung an das nachgeburtliche Leben

Damit die Umstellung zum „selbständigen Überleben" des Neugeborenen erfolgreich ist, sind komplexe Veränderungen nötig. Bitte lösen Sie zu diesem Thema das nachfolgende Silbenrätsel:

bo - duc - fac - fo - ik - ko - le - li - me - men - ni - o- pie - pho - ra - ra - rus - sur - tal - tant - te - the - to - tus - um - va

a) Mit dem ersten Atemzug füllt sich die Lunge mit Luft, die Lungenbläschen werden entfaltet. Der .... Faktor sorgt dafür, dass sie nicht gleich wieder zusammenfallen.

b) Die direkte Verbindung im foetalen Kreislauf zwischen rechtem und linkem Vorhof, das ...., wird durch den nun ansteigenden Druck im linken Vorhof zugepreßt.

c) Kurze Zeit später verschließt sich auch die Verbindung zwischen Truncus pulmonalis und Aorta, der .... arteriosus ....

d) Der erste Stuhlgang des Kindes wird als .... bezeichnet; er sollte spätestens 24 Stunden nach der Geburt erfolgen.

e) Da die Leberenzyme des Neugeborenen noch nicht voll ausgebildet sind, kann anfangs das Bilirubin häufig nicht ausreichend abgebaut werden. Es kommt zum Neugeborenen-........................ .

f) Eine mehrtägige .... unter UV-Lampen hilft, das angereicherte Bilirubin wieder abzubauen. Um Augenschäden vorzubeugen, werden die Augen des Neugeborenen dabei sorgfältig abgedeckt.

Säuglingsernährung

Aufgabe 6
MKK 23.4.1
BAP 22.2.5

Welche Aussagen über die Vorteile des Stillens sind richtig?

a) Muttermilch enthält Abwehrstoffe (v.a. IgA-Antikörper), die den Säugling vor Infektionen schützen.

b) Stillen bietet intensivsten Kontakt zwischen Mutter und Kind.

c) Muttermilch ist nicht mit Schadstoffen belastet.

d) Frühzeitiger Kontakt mit Kuhmilchprodukten kann eine Milchallergie auslösen, aus diesem Grund sollten Säuglinge mit Allergieproblemen möglichst lange gestillt werden.

e) Stillen ist die hygienischste und preisgünstigste Art der Säuglingsernährung.

Meilensteine der Entwicklung

Aufgabe 7
MKK 23.5.2
BAP 22.3.2

Bitte ordnen Sie die charakteristischen Merkmale den jeweiligen Altersstufen zu:

1) 2 Jahre

2) 3 Jahre

3) Schulkindalter

4) Pubertät

a) Wachstumsschub, Ausbildung der sekundären Geschlechtsmerkmale, Interesse am anderen Geschlecht

b) bevorzugt Gemeinschaft, klare Abgrenzung zum anderen Geschlecht, bastelt gern, Freude an Bewegung

c) ausgeprägtes Besitzdenken, teilt ungern; folgt einfachen Instruktionen, Trotzphase

d) Rechts- und Linkshändigkeit sind ausgebildet, zählt bis 10, kennt einige Kinderlieder, egozentrisch

Aufgabe 8
MKK Abb. 23.14
BAP Abb. 22.11

Die motorische Entwicklung des Kleinkindes

In welchem Alter sollte das Kleinkind die folgenden Tätigkeiten im Rahmen einer „normalen" Entwicklung spätestens durchführen können?

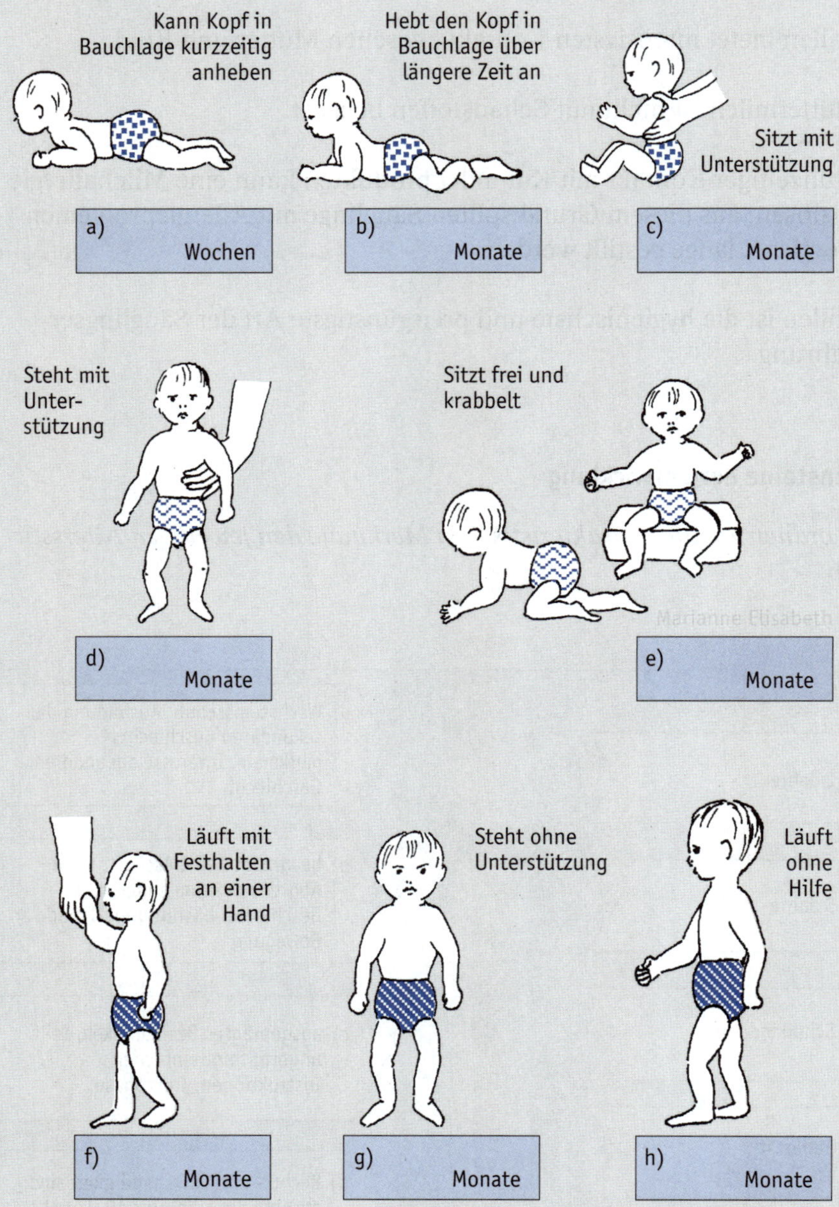

Kinderkrankheiten

Aufgabe 9
MKK 23.6

Bitte lösen Sie das nachfolgende Rätsel:

1) Infektion, die beim ersten Kontakt mit den Erregern zur Erkrankung führt, aber nach Überstehen meist eine langdauernde (evtl. lebenslange) Immunität hinterlässt.

2) Durch .... sind diese Krankheiten hier selten geworden.

3) Typische Kinderkrankheit mit juckenden Bläschen, Pöckchen und Pusteln; die Zweitinfektion im Alter kann als Gürtelrose auftreten.

4) Häufigste Todesursache im Säuglingsalter ist der plötzliche ...., der meist in der Schlafphase ohne jegliche Vorwarnung eintritt.

5) Schwere bakterielle Infektion mit stakkatoähnlichen Hustenanfällen; Säuglinge können aber auch mit Atempausen reagieren, die zum Tod führen können.

6) Heute leiden etwa 15% der Grundschulkinder an einer ...., die sich als Heuschnupfen, Asthma bronchiale oder Neurodermitis äußert.

7) Früher weit verbreitete Krankheit, die auf ein gestörtes Knochenwachstum aufgrund eines Vitaminmangels zurückzuführen ist.

8) Virale Infektionen mit rosaroten Flecken, Erkältungssymptomen, anfangs geschwollenen Lymphknoten im Nacken; im Kindesalter meist ungefährlich, jedoch fatale Folgen bei Erkrankung einer schwangeren Frau innerhalb der ersten 3 Monate der Schwangerschaft.

Der ältere Mensch

Alterungsvorgänge

Aufgabe 1
MKK 24.1.1
BAP 23.1

Welche Aussage trifft nicht zu?

Alterungsvorgänge

a) sind für alle Lebewesen gültig.
b) lassen sich durch lebenslange Schonung hinauszögern.
c) sind nicht umkehrbar (irreversibel).
d) führen zu einer verminderten Anpassungsfähigkeit des Individuums.
e) sind für jede Art genetisch vorherbestimmt, d.h. für jede Art lässt sich eine maximale Lebenserwartung festlegen.

Veränderungen der Organsysteme im Alter

Aufgabe 2
MKK 24.2
BAP 23.2

Zu den typischen Organveränderungen des alten Menschen lösen Sie bitte folgendes Silbenrätsel:

al - ar - ar - de - em - in - kon - nenz - ob - pa - phy - pres - rio - ro - se - se - sem - siv - skle - sti - te - ters - thro - ti - tion

a) Ursache der typischen Gefäßveränderungen im Alter ist die ....

b) Die Abnahme der Lungenelastizität führt zum ....; sie bewirkt eine Verschlechterung der Lungenfunktion.

c) Osteoporose, Bewegungsmangel und lebenslange unzureichende Kalziumzufuhr verstärken den Knochenabbau im Alter. Viele alte Menschen sind schmerzbedingt aufgrund von ...., d.h. Veränderungen der Gelenkflächen, erheblich in ihrer Mobilität eingeschränkt.

d) Jede längerdauernde Inmobilität beeinträchtigt auch das seelische Befinden. Häufig wird der Patient zunehmend passiv und .... verstimmt.

e) Veränderungen der Darmflora bedingen teilweise die im Alter typische Neigung zur ....

f) Ein häufiges Problem ist die abnehmende Blasenmuskelspannung, die zu .... führt. Diese Patienten sind sehr anfällig für Harnwegsinfekte, die sich durch Brennen beim Wasserlassen äußern.

24

Biographisches und biologisches Alter

Aufgabe 3
MKK 24.1.5
BAP 23.1.4

Bitte ordnen Sie zu:

1) Biographisches Alter
2) Biologisches Alter

a) Maß für die gegenwärtige gesundheitliche Situation
b) Am Kalender ablesbares Alter

Probleme im Alter

Aufgabe 4
MKK 24.3-24.4
BAP 23.3-23.4

Bitte lösen Sie das folgende Rätsel:

1) Viele alte Menschen klagen über einen gestörten ....-Wach-Rhythmus; sinnvoller als Tabletten ist eine Umstellung des Lebensrhythmus.

2) Symptome der Demenz sind zunächst Gedächtnisstörungen, später auch Veränderungen der ....

3) Zunächst bestehen oft erhebliche Störungen der .... zu Zeit, Ort und Person, da das Erinnerungsvermögen beeinträchtigt ist. Häufige Wiederholung dieser Angaben und Orientierungstafeln helfen dem Patienten, sich zurechtzufinden.

4) Häufigste Einzelursache von Pflegebedürftigkeit im Alter.

5) Bewusstseinsstörung mit Desorientiertheit, Denkstörungen und Gedächtnisstörungen.

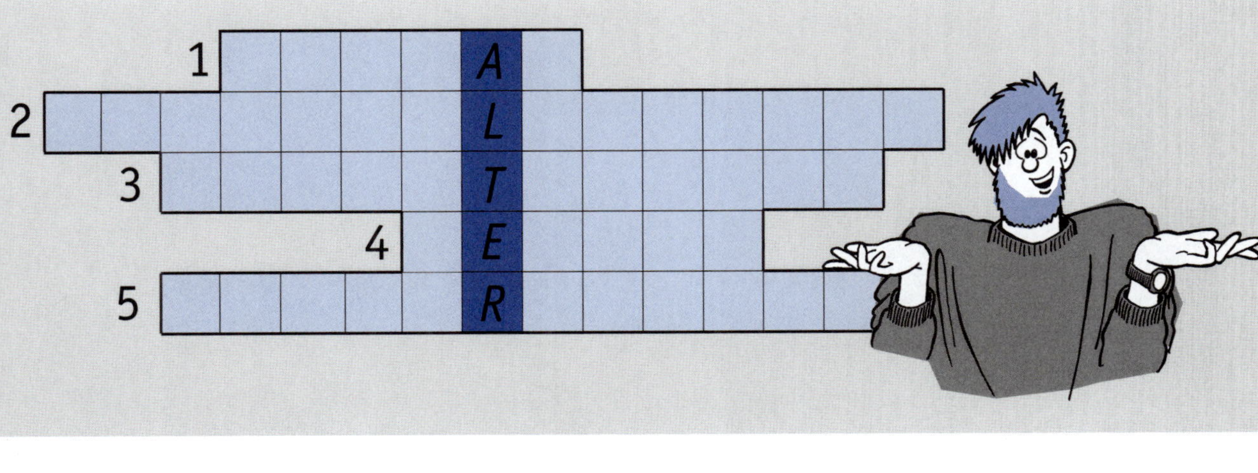

Aufgabe 5
MKK 24.5
BAP 23.2.5

Medikamentenstoffwechsel (Pharmakokinetik) im Alter

Welche Aussage trifft zu?

a) Alte Patienten müssen wegen des langsameren Stoffwechsels die doppelte Menge eines Medikamentes erhalten, damit die ausreichende therapeutische Wirkung erzielt wird.

b) Die Nierenausscheidung ist im Alter deutlich beschleunigt und daher werden höhere Medikamentendosen benötigt als bei jüngeren Patienten.

c) Beim alten Menschen ist die Ausscheidung über die Niere für viele Medikamente verzögert, daher kann bei einer unangepassten Dosierung von Medikamenten eine Anreicherung bis hin zur Medikamentenvergiftung drohen.

d) Es besteht kein Unterschied in der Ausscheidungsleistung der Niere bei alten Menschen im Vergleich zur Ausscheidungsleistung der Niere bei jungen Menschen.

25 Grundbegriffe der Psychologie, psychiatrische Leiterkrankungen

Gedächtnis

Aufgabe 1
MKK 25.1.1

Bitte ordnen Sie zu:

1) sensorischer Speicher
2) Kurzzeitgedächtnis
3) Langzeitgedächtnis

a) Vergessen innerhalb von Sekunden
b) Vergessen innerhalb von Jahren
c) Vergessen innerhalb von Tagen
d) Kapazität > 10 Milliarden Bit
e) Kapazität 1000 - 10000 Bit
f) Kapazität 200 Bit

Angst und ihre Bewältigung

Aufgabe 2
MKK 25.1.2

Welche Aussage ist falsch?

a) Angst bezeichnet den emotionalen Erregungszustand, der eintritt, wenn eine Situation als physisch oder psychisch bedrohlich erlebt wird.

b) Körperlich können sich Angstzustände u.a. in hoher Pulsfrequenz, Zittern, Übelkeit bis hin zum Verlust der Schließmuskelkontrolle äußern. Sie ist immer mit einer allgemeinen Anspannung gekoppelt.

c) Angstreaktionen werden ausgelöst, wenn der Betroffene nicht ausreichend über das erlebte oder zu erwartende Ereignis informiert ist.

d) Eine wesentliche Maßnahme der erfolgreichen Angstbewältigung ist die Unterdrückung und Verdrängung der Angst.

e) Angst kann reduziert werden, indem der Betroffene über Ereignis und Konsequenzen aufgeklärt wird. Die mit der Angst verbundenen Spannungszustände werden oft bereits mit persönlicher Zuwendung und beruhigendem Zureden gemildert.

Aufgabe 3
MKK 25.6

Neurosen

Bitte ordnen Sie zu:

1) Phobie
2) Angstneurose
3) Konversionsneurose
4) neurotische Depression

a) auf ein bestimmtes Objekt bezogene Angst, die weder angemessen noch begründbar ist
b) verdrängte Probleme äußern sich z.B. als Lähmung ohne organische Ursache
c) unverarbeiteter Konflikt aus der Kindheit wird durch akutes Ereignis „reaktiviert“ und äußert sich oft in seelischen Störungen
d) unbestimmte Angst, Panikattacken, häufig von Herzsymptomen begleitet

Aufgabe 4
MKK 25.3

Der psychische Befund

Bei plötzlich aufgetretenen Störungen welcher psychischen Funktionen sollte umgehend ein Arzt informiert werden?

a) Bewusstseinslage
b) Denken
c) Orientierung
d) Affektivität (Stimmungslage)
e) Gedächtnisfunktion

Aufgabe 5
MKK 25.7.1-25.7.2

Psychosen

Bitte ordnen Sie zu:

1) Depressionen
2) Manie
3) Schizophrenie

a) Wahn/Halluzination
b) Unruhe/Selbstüberschätzung
c) Innere Leere/Antriebslosigkeit

25

Kommunikation

Aufgabe 6
MKK 25.1.4

Bitte lösen Sie zu diesem Thema das folgende Silbenrätsel:

ak - ba - che - der - fall - in - kör - le - mi - mik - per - sen - spra - ter - tion - ton - ver

a) Zielgerichteter, wechselseitiger Austausch von Informationen zwischen Individuen: ....

b) Kommunikation setzt voraus, dass es einen .... gibt und einen Empfänger.

c) Zur menschlichen Kommunikation gehören .... und non-verbale Ebenen.

d) Die Signale der nonverbalen Kommunkation werden als .... zusammengefaßt.

e) Die Emotionen Freude, Überraschung, Furcht, Wut, Trauer und Ekel werden in allen menschlichen Kulturen auf gleiche Art über die .... ausgedrückt.

f) Das akustische Signal der Körpersprache, das uns Auskunft gibt über die Gemütslage des Senders, ist der ....

Abwehrmechanismen

Aufgabe 7
MKK Abb. 25.2.2

Bitte ordenen Sie den Definitionen und Beispielen die entsprechenden Abwehrmechanismen zu

1) Umsetzung verdrängter Triebimpulse in sozial anerkannte Tätigkeiten.	a) Reaktionsbildung
2) Ein Fahrgast hat sich sehr über den Taxifahrer geärgert, gibt ihm am Ende der Fahrt jedoch ein großzügiges Trinkgeld.	b) Sublimierung
3) Nicht ich, sondern mein Bruder, möchte ständig Süßigkeiten essen.	c) Rationalisierung
4) Unbewusstmachen von unerwünschten Impulsen.	d) Verdrängung
5) Das Wasser im Schwimmbad ist sehr kalt, deshalb macht es mir nichts aus, dass ich nicht mitkommen kann.	e) Projektion

Aufgabe 8
MKK 25.3

Psychische Grundfunktionen

Welche der aufgeführten Begriffe gehören nicht zu den psychischen Grundfunktionen?

a) Gedächtnisfunktionen
b) Wahrnehmungsstörungen
c) Orientiertheit
d) Bewusstseinslage
e) Halluzinationen

Aufgabe 9
MKK Abb. 25.17

Psychopharmaka

Bitte ordnen Sie die nachfolgenden Medikamente ihrem Wirkspektrum zu:

a) Antidepressiva
b) Neuroleptika
c) Stimulantien
d) Tranquilizer

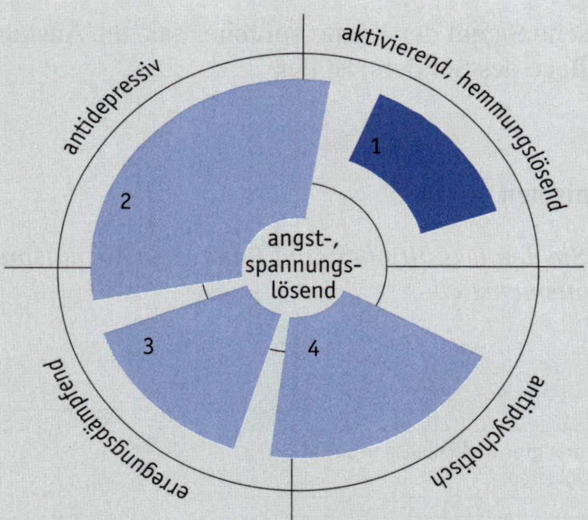

26 Notfälle

Die 5 W des Notrufs

Aufgabe 1
MKK 26.2.2

In der akuten Notfallsituation muss der Notruf 5 wichtige Informationen umfassen (5 mal W). Welche Punkte sind überflüssig?

a) Wo geschah es?
b) Was geschah?
c) Warum geschah es?
d) Wieviele Verletzte hat es gegeben?
e) Wie heißen die Verletzten?
f) Welche Art von Verletzungen haben die Verletzten?
g) Warten auf Rückfragen

Lagerungsformen

Aufgabe 2
MKK 26.4.2

Bei welchen Notfallsituationen wird welche Lagerung vorgenommen? Bitte ordnen Sie zu:

a) Wirbelsäulenverletzung
b) Kreislaufschwäche (Blutvolumen-Mangel)
c) Atemnot
d) Blutvolumenmangel und Bewusstlosigkeit

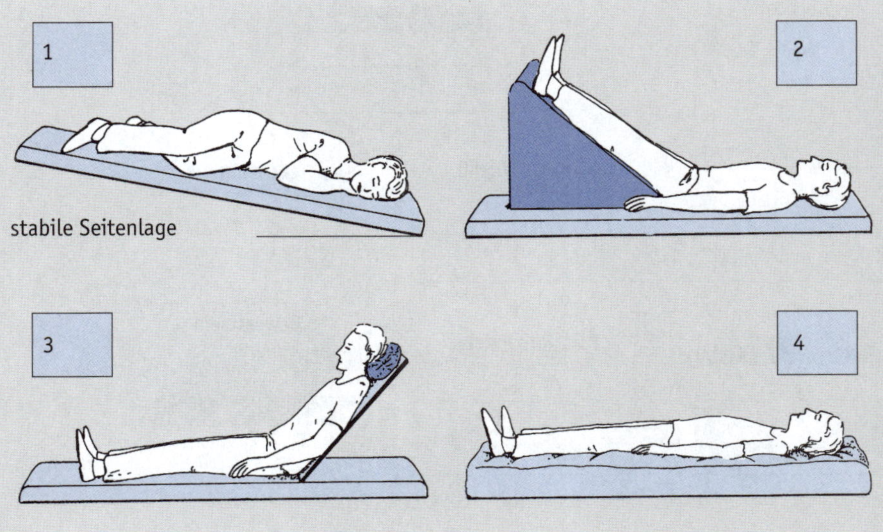

Aufgabe 3
MKK 26.3

Prüfung der Vitalfunktionen

Welche Punkte gehören in der akuten Notfallsituation nicht zur Prüfung der lebenswichtigen Funktionen des Körpers?

a) Prüfung des Bewusstseins
b) Frage nach Hunger bzw. letzter Nahrungsaufnahme
c) Prüfung der Atmung
d) Prüfung von Puls und Kreislaufsituation
e) Prüfung der Reflexe
f) Prüfung der Sensibilität

Aufgabe 4
MKK Abb. 26.10

Sofortmaßnahmen

Bitte setzen Sie die Begriffe an die richtigen Stellen im Diagramm:

a) stabile Seitenlage
b) 2 x Atemspende, dann Carotis-Pulskontrolle
c) Herz-Lungen-Wiederbelebung
d) Hilfeleistung nach Notwendigkeit (z.B. Verbände)
e) Atemkontrolle
f) Fortsetzung Atemspende

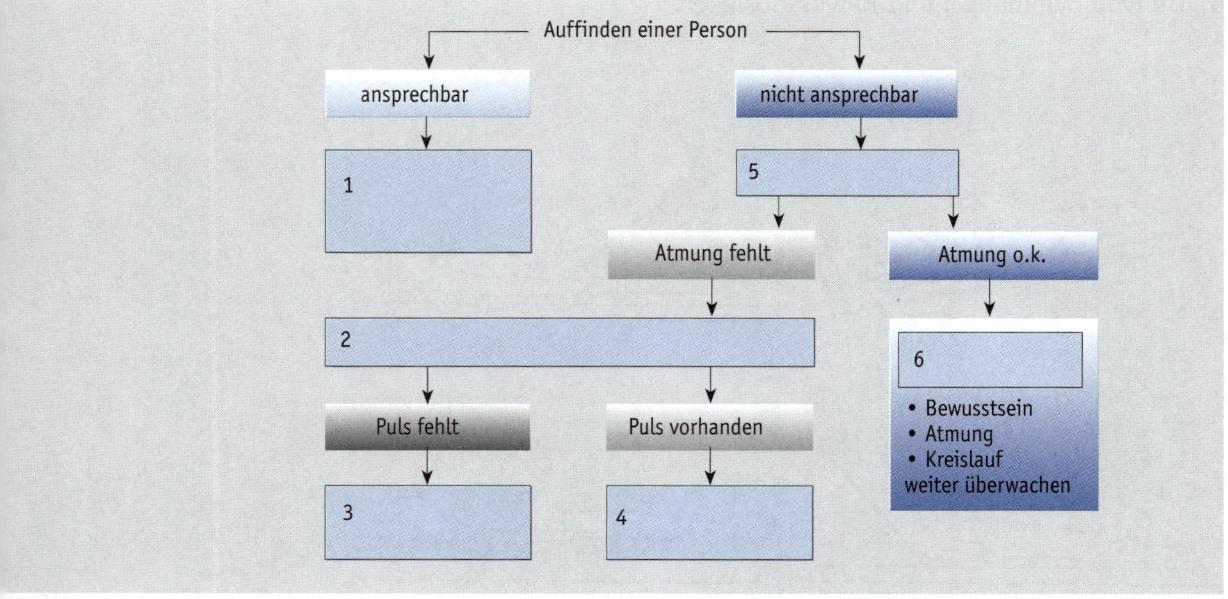

Knochenbrüche

Aufgabe 5
MKK 26.4.6

Bitte ordnen Sie zu:

1) unsichere Frakturzeichen

2) sichere Frakturzeichen

a) Schonhaltung

b) Bewegungseinschränkung

c) herausstehende Knochen

d) Schmerz und Schwellung

e) abnorme Beweglichkeit und Knochenreiben

Wiederbelebung in der Klinik

Aufgabe 6
MKK 26.5

Bei einer Reanimation wird in der Reihenfolge der ABCDE-Regel vorgegangen. Was verbirgt sich hinter diesen Buchstaben?

a) A: .... b) B: ....

c) C: .... d) D: ....

e) E: ....

Erste Hilfe bei Verbrennungen

Aufgabe 7
MKK 26.6.4

Über ausgedehnte Brandwunden verliert der Körper große Mengen an G............................keit mit Proteinen und Elektrolyten. Durch den Flüssigkeitsverlust kann es zum V...........................schock kommen. Je nach Grad der Verbrennung ist die Haut durch R................, Bl.....................ung oder tiefergehende Gewebsschädigungen betroffen. Brennende Personen müssen mit .... übergossen oder in D............. eingehüllt werden, um die Flammen zu ersticken. Verbrennungen und Verbrühungen müssen rasch und nachhaltig g.................t werden mit kaltem Wasser über mindestens ...... Minuten. Keinesfalls dürfen S.............., P........... oder Sp.......... angewendet werden.

Lösungen

Kapitel 1

Aufgabe 1 a, b, c

Aufgabe 2
Stoffwechsel, Gewebe, Organ, Organsysteme

Aufgabe 3
Atmungssystem, Herz-/Kreislaufsystem, Harntrakt

Aufgabe 4 b, d, e

Aufgabe 5

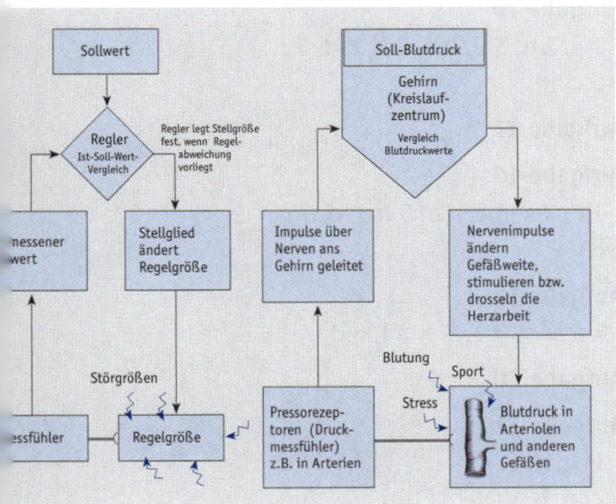

Aufgabe 6
a, b, e

Aufgabe 7
1 c, 2 i, 3 h, 4 k, 5 a, 6 b, 7 g, 8 d, 9 f, 10 m, 11 e, 12 l

Kapitel 2

Aufgabe 1 1 c, 2 b, 3 a

Aufgabe 2
Elektrolytlösung, sauer, basisch, Kathode, Anode

Aufgabe 3
H-Ionen, OH-Ionen, neutral, H-Ionen, Säure, kleiner, pH-wert, Puffer, aufnehmen, abgeben, Köhlensäure/ Bikarbonat

Aufgabe 4 e

Aufgabe 5 1c, 2d, 3b, 4e, 5a

Aufgabe 6 a, c, d, e

Aufgabe 7
1 a, 2 d, 3 c, 4 b

Aufgabe 8 a, c

Aufgabe 9
1) Adenin + 3) Thymin
2) Guanin + 4) Cytosin

Kapitel 3

Aufgabe 1
1 b, 2 c, 3 e, 4 f, 5 a, 6 d

Aufgabe 2
1 d, 2 c, 3 a, 4 b

Aufgabe 3
Diffusion, Konzentrationsgefälles, semipermeable, Osmose, keine

Aufgabe 4

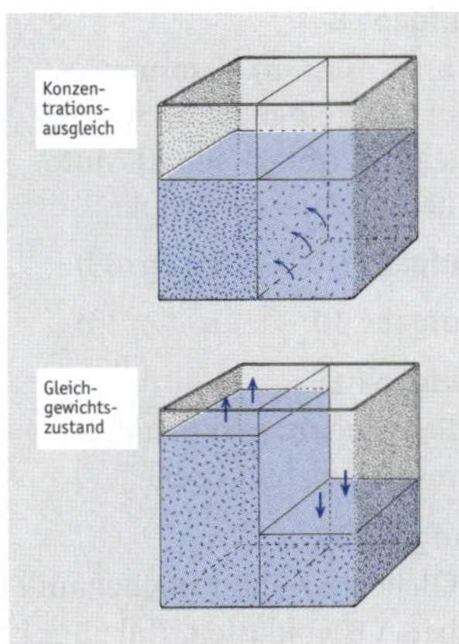

Aufgabe 5
Proteinbiosynthese, Transkription, messenger-RNA, Aminosäure, Translation, Proteinkette, Ribosomen, Gen

Aufgabe 6
1) a, c, d, f, h
2) b, e, g, i

Aufgabe 7 1 b, 2 a, 3 c

Aufgabe 8
1) Genotyp
2) Heterozygot
3) Dominant
4) Genetik
5) Homozygot
6) Intermediaer
7) Rezessiv
8) Phaenotyp

Kapitel 4

Aufgabe 1
Epithelgewebe, Binde- und Stützgewebe, Muskelgewebe, Nervengewebe

Aufgabe 2 1 b, 2 c, 3 a

Aufgabe 3
1) b, c
2) a, d

Aufgabe 4
Chondrozyten, Grundsubstanz, Stoffwechselaktivität, Hyaliner, elastischer, Faserknorpel

Aufgabe 5 b, c

Aufgabe 6
1 c, 2 d, 3 b, 4 a

Aufgabe 7 a, b, d

Aufgabe 8 b, c, d, e

Aufgabe 9
1 b, 2 a, 3 c, 4 d, 5 e

Kapitel 5

Aufgabe 1
1) b, c, d, g
2) a, e, f

Aufgabe 2
1) Fibrose
2) Kalkablagerung
3) Nekrose
4) Exsudat
5) Noxen
6) Gangraen

Aufgabe 3 c, e

Aufgabe 4
a) Funktionsverlust
b) Schmerz
c) Schwellung
d) Rötung
e) Überwärmung

Aufgabe 5
gutartiger Tumor: a, c, e, h
bösartiger Tumor: b, d, f, g

Aufgabe 6
a) Tumorentfernung
b) Strahlenbehandlung
c) Chemotherapie
d) Hormontherapie
e) Immuntherapie
f) Naturheilverfahren

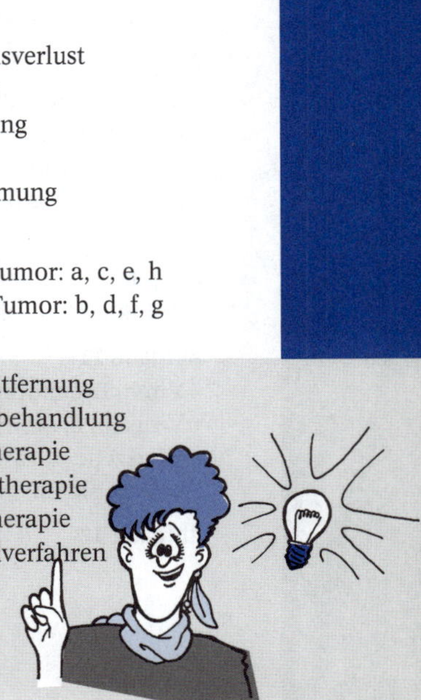

!

Aufgabe 7
2 a, 5 b, 7 c, 4 d, 3 e, 1 f, 6 g

Aufgabe 8 b

Kapitel 6

Aufgabe 1 e

Aufgabe 2
1) a, c
2) b, d

Aufgabe 3 b

Aufgabe 4
1 a, 2 d, 3 b, 4 c

Aufgabe 5
1 b, 2 c, 3 e, 4 d, 5 a

Aufgabe 6
1) c, d, e
2) a, b

Aufgabe 7
1) Staphylokokken: Abszess, Osteomyelitis
2) Streptokokken: Scharlach, Angina
3) Pneumokokken: Lungenentzündung, Meningitis
4) Escherichia coli: Harnwegsinfekt, Lebensmittelvergiftung
5) Salmonellen: Gastroenteritis, Typhus

Aufgabe 8
a) Anaphylaxie
b) Histamin
c) zytotoxisch
d) Transplantat
e) Immunkomplex
f) Komplement
g) Zytokine
h) Kontaktallergie

Aufgabe 9
a) Schmierinfektion
b) Tröpfcheninfektion
c) orale Infektion
d) parenterale Infektion
e) sexuelle Infektion

Aufgabe 10
d) Inkubationsphase

Aufgabe 11
Viren, Erbinformation, Virushülle, Stoffwechsel, Wirtszelle, Viruspartikel, synthetisieren, infizieren

Aufgabe 12 d

Kapitel 7

Aufgabe 1 1 c, 2 a, 3 b

Aufgabe 2
1 e, 2 c, 3 f, 4 d, 5 a, 6 g, 7 b

Aufgabe 3 c, d, e

Aufgabe 4
1 a, 2 d, 3 b, 4 c, 5 e

Aufgabe 5 1 a, 2 c, 3 d

Aufgabe 6
1 b, 2 a, 3 d, 4 c

Aufgabe 7
Nervenzellen, Motoneuron, motorische Endplatte, Acetylcholin, Aktin- und Myosinfilamente, kontrahieren, Refraktärperiode

Aufgabe 8
a) Agonist, b) Ursprung, c) Muskelbauch, d) Synergisten, e) Myoglobin, f) Motoneuron, g) Acetylcholin

Aufgabe 9 1 c, 2 a, 3 b

Aufgabe 10 1 a, 2 c, 3 b

Aufgabe 11
Schwinden, Inaktivität, reversibel, neurogene

Aufgabe 12
Gleichgewicht, Knochenaufbau, Osteoklasten, Kalzium, Osteoporose

Kapitel 8

Aufgabe 1
1 a, 2 c, 3 b, 4 g, 5 h, 6 d, 7 e, 8 e, 9 f, 10 f

Aufgabe 2 d

Aufgabe 3 1 b, 2 c, 3 a

Aufgabe 4
1 e, 2 d, 3 f, 4 a, 5 g, 6 b, 7 h, 8 c

Aufgabe 5 b

Aufgabe 6 c

Aufgabe 7
1 a, 2 b, 3 c, 4 e, 5 g, 6 d, 7 f

Aufgabe 8
a) 7 Wirbel, b) 12 Wirbel, c) 5 Wirbel
Kreuzbein, Sakralwirbeln, Steißwirbel, Steißbein

Aufgabe 9
1 c, 2 d, 3 e, 4 f, 5 b, 6 a, 7 b, 8 a

Aufgabe 10
1 b, 2 d, 3 c, 4 a

Aufgabe 11 2

Aufgabe 12 a, d, e

Aufgabe 13
1 a, 2 d, 3 c, 4 b, 5 e, 6 f

Aufgabe 14
1 b, 2 d, 3 a, 4 c

Aufgabe 15 c

Aufgabe 16
1 g, 2 a, 3 e, 4 b, 5 h, 6 d, 7 f, 8 c

Aufgabe 17 d

Aufgabe 18
1 b, 2 a, 3 c, 4 e, 5 h, 6 d, 7 g, 8 f

Aufgabe 19
1 a, 2 b, 3 c, 4 e, 5 f, 6 d

Aufgabe 20 d

Aufgabe 21
1) c, d, f
2) a, b, e

Aufgabe 22 a

Aufgabe 23
1 b, 2 a, 3 d, 4 c

Aufgabe 24
1) b, d, e
2) a, c

Aufgabe 25
1 e, 2 d, 3 c, 4 b, 5 a

Aufgabe 26
1) a, d
2) b, c

Kapitel 9

Aufgabe 1
schützt, Tastkörperchen, Körpertemperatur, Schweiß, Hautgefäßen

Aufgabe 2
1) intramuskuläre Injektion (i. m.)
2) subcutane Injektion (s. c.)
3) intravenöse Injektion (i. v.)
4) intradermale Injektion

Lösungen

Aufgabe 3
1 (c, f), 2 d, 3 e, 4 a, 5 b

Aufgabe 4
1-2) Schweißdrüse, 3) Haarfollikel, 4) Bulbus, 5) Haar, 6) Talgdrüse

Aufgabe 5
1) c, e
2) d, a
3) b, f

Aufgabe 6
1 d, 2 e, 3 c, 4 a, 5 b

Aufgabe 7

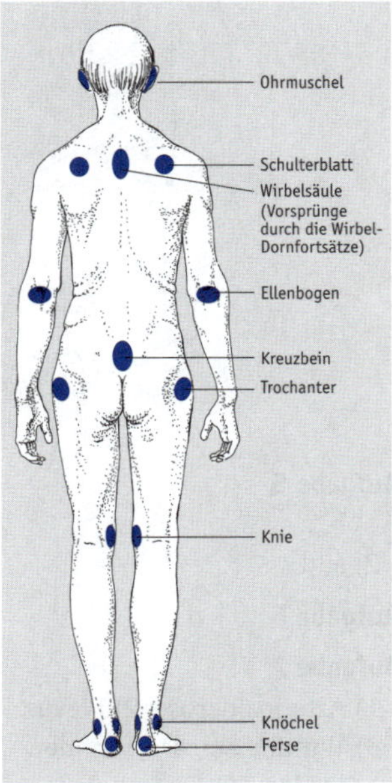

Dekubitusprophylaxe:
Zur Vorbeugung muss der bettlägrige Patient regelmässig umgelagert werden. Wichtig sind auch gründliche Körperpflege, druckstellenfreie Lagerung auf Spezialmatratzen und durchblutungsfördernde Maßnahmen, z. B. Krankengymnastik.

Aufgabe 8
Melanozyten, Melanin, UV-Licht, Sonnenbestrahlung, Tumorzellen, malignes Melanom

Kapitel 10

Aufgabe 1
1) a, b, d, e
2) c, f

Aufgabe 2
1 c, 2 a, 3 b, 4 d

Aufgabe 3
1 c, 2 e, 3 g, 4 d, 5 b, 6 a, 7 f

Aufgabe 4
a) Ruhepotential, b) Depolarisation, c) Aktionspotential, d) Repolarisation, e) refraktär

Aufgabe 5 d

Aufgabe 6
1 a, 2 d, 3 e, 4 c, 5 b

Aufgabe 7
Elektroenzephalographie, Elektroneurographie, Craniale Computertomographie, Kernspintomogramm, Neurologie, Psychiatrie

Kapitel 11

Aufgabe 1
1 b, 2 a, 3 g, 4 c, 5 d, 6 e, 7 f

Aufgabe 2 b, d

Aufgabe 3
1 c, 2 a, 3 b, 4 d

Aufgabe 4
1 c, 2 b, 3 a, 4 d

Aufgabe 5
a) Hypothalamus, b) Hirnanhangsdrüse, c) Hormone, d) Thalamus, e) Formatio

Aufgabe 6
1 d, 2 c, 3 a, 4 b

Aufgabe 7 a
1) sensibler Nerv
2) motorischer Nerv

Aufgabe 8 e

Aufgabe 9
1) Rueckenmark
2) Pyramidenbahn
3) Cauda
4) Spinalnerv
5) Reflex
6) Vorderhorn
7) Fremdreflex

Aufgabe 10 L_2, d

Aufgabe 11
a S, b P, c S, d S, e P, f P

Aufgabe 12
1 e, 2 (a, c, f), 3 b, 4 d

Aufgabe 13 1 c, 2 a, 3 b

Aufgabe 14
spastische, Hirninfarktes, Querschnittslähmung, sensible, Tetraplegie, Paraplegie

Aufgabe 15 a, b, c, e

Aufgabe 16
a) Apoplex, b) Hirnembolie, c) Hemiparese, d) Kontrakturen, e) Spitzfuß

Aufgabe 17 a, b, d, e

Kapitel 12

Aufgabe 1 b

Aufgabe 2 1 b, 2 a, 3 c

Aufgabe 3
Schmerzempfindung, Schmerzrezeptoren, Körperschäden, entfernen, Schmerzwahrnehmung, Rückenmarksebene, Endorphine, Serotonin

Aufgabe 4 a, b, e, f, g

Aufgabe 5
1) Traenendruese,
2) Staebchen, 3) Zapfen,
4) Konvergenz, 5) Mydriasis,
6) Miosis, 7) Dioptrie,
8) Visus, 9) Akkomodation

Aufgabe 6
1 g, 2 f, 3 d, 4 h, 5 c, 6 e, 7 i, 8 a, 9 b

Aufgabe 7 a, d

Aufgabe 8
Photorezeptoren, Zapfen, Stäbchen, Fovea centralis, Zapfen, Papille, blinder Fleck

Aufgabe 9 b, c, d

Aufgabe 10 a, b, d, e

Aufgabe 11 1 c, 2 a, 3 b

Aufgabe 12
1 a, 2 c, 3 h, 4 f, 5 e, 6 b, 7 g, 8 d

Aufgabe 13 b

Kapitel 13

Aufgabe 1 a, b, d

Aufgabe 2
1) Hypothalamus
2) Hypophyse
3) Schilddrüse
4) Nebenniere
5) Eierstock
6) Epiphyse
7) Nebenschilddrüsen
8) Thymus
9) Pankreas
10) Hoden

Aufgabe 3
1 b, 2 c, 3 d, 4 a

Aufgabe 4
1 d, 2 a, 3 b, 4 c

Aufgabe 5
1 b, 2 c, 3 e, 4 a, 5 d

Aufgabe 6 a, c, d, f, g

Aufgabe 7 c

Aufgabe 8 a, b, c, e

Aufgabe 9 a, b, d, e

Aufgabe 10 a, b, d

Kapitel 14

Aufgabe 1
1 b, 2 e, 3 a, 4 c, 5 d

Aufgabe 2 a, b, c

Aufgabe 3 b, c

Aufgabe 4 1 b, 3 a

Aufgabe 5 e

Aufgabe 6 1 c, 2 b, 3 a

Aufgabe 7
1) lymphatischer Rachenring
2) Thymus
3) Achsellymphknoten
4) Wurmfortsatz (Appendix)
5) Leistenlymphknoten
6) Milz,
7) Dünndarm (Peyersche Plaques)

Aufgabe 8
Vasokonstriktion, Thrombozyten, Fibrin, Bindegewebszellen
1) Gefäßreaktion
2) Blutstillung
3) Gerinnung

Aufgabe 9
Blutgruppe A Rhesus-positiv

Kapitel 15

Aufgabe 1
1 g, 2 m, 3 d, 4 l, 5 b, 6 f, 7 e, 8 i, 9 c, 10 k, 11 h, 12 a

Aufgabe 2
1 c, 2 a, 3 d, 4 b

Aufgabe 3
70, Systole, Lungenkreislauf, Körperkreislauf, Diastole, Anspannungsphase, Aorten- und Pulmonalklappen

Aufgabe 4
1) Sinusknoten
2) AV-Knoten
3) His-Bündel
4) Kammerschenkel
5) Purkinje-Faser

Aufgabe 5 1 b, 2 c, 3 a

Aufgabe 6 b

Aufgabe 7 a, c, e

Aufgabe 8 1 b, 2 a, 3 c

Aufgabe 9 a, e

Aufgabe 10

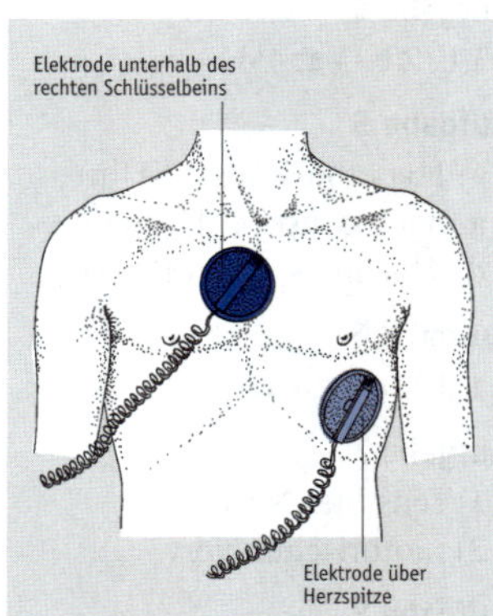

Kapitel 16

Aufgabe 1
1 c, 2 b, 3 a, 4 d, 5 e, 6 h, 7 i, 8 f, 9 g

Aufgabe 2
1) b, d, f,
2) a, c, e

Aufgabe 3
5, Pressorezeptoren, Gefäßreaktion, Adrenalin, Noradrenalin, schneller, kräftiger, Angiotensin II, Aldosteron, Gehirns, Herz, Lunge, Nieren

Aufgabe 4

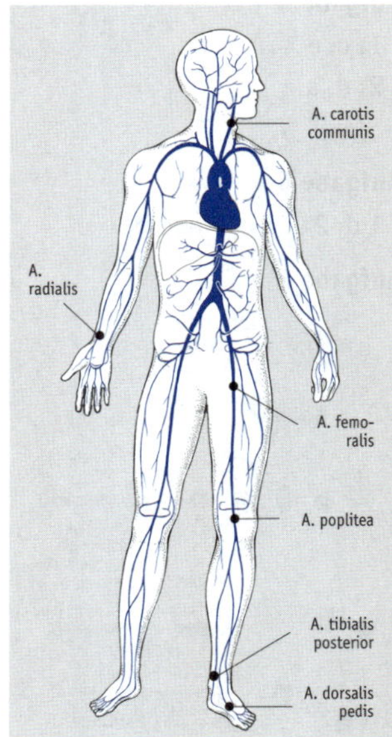

Aufgabe 5
1) b, c
2) a, d

Aufgabe 6 d

Aufgabe 7
1) Arteriosklerose, 2) Plexus, 3) Windkessel, 4) Pfortader, 5) Oedem, 6) Endothel, 7) Kapillaren, 8) Aneurysma, 9) Puls

Aufgabe 8
Arteriosklerose, Hypertonie, Infarkt

Aufgabe 9
a) Hoher Cholesterinspiegel
b) Rauchen
c) Diabetes mellitus
d) Hypertonie

Kapitel 17

Aufgabe 1
1 e, 2 a, 3 i, 4 b, 5 f, 6 k, 7 l, 8 c, 9 g, 10 d, 11 h

Aufgabe 2 c

Lösungen

Aufgabe 3 b

Aufgabe 4

Larynx, Luftwege, Stimmbildung, Adamsapfel, Zungengrund, Luftröhre, Schildknorpel, Kehldeckel, Epiglottis, Schluckakt, Ringknorpel, Stellknorpel, Stimmbänder

Aufgabe 5 1 c, 2 a, 3 b

Aufgabe 6

a) Spirometer, b) Vitalkapazität, c) Surfactant, d) Atemzentrum, e) Stimmbänder, f) Larynx, g) Intubation, h) Pleura

Aufgabe 7 a, b

Aufgabe 8

1 c, 2 b, 3 e, 4 a, 5 d, 6 f

Aufgabe 9

1 e, 2 d, 3 b, 4 a, 5 c, 6 f

Aufgabe 10

1 c, 2 a, 3 e, 4 d, 5 b

Aufgabe 11

Pneumonie, Lungenentzündung, Fieber, Tachykardie, Atmung, Hustenreiz, Auswurf, Pleuritis, Sauerstoff, Antibiotika, Atemgymnastik, Abklopfen, Franzbranntwein, Atemtrainingsgeräten, Vibrationsklopfmassage, endotracheale

Kapitel 18

Aufgabe 1

1) Zwerchfell
2) Leber
3) Gallenblase
4) Zwölffingerdarm (Duodenum)
5) Kolon
6) Blinddarm (Caecum)
7) Wurmfortsatz (Appendix)
8) Speiseröhre (Oesophagus)
9) Magen
10) Bauchspeicheldrüse (Pankreas)
11) Dünndarm
12) Kolon
13) Enddarm (Rektum)

Aufgabe 2

Pilzinfektion, Candida albicans, weiße, Zunge, Antimykotikatherapie

Aufgabe 3 e

Aufgabe 4 b, c, e, f

Aufgabe 5 b, d

Aufgabe 6 2, 5, 1, 4, 3

Aufgabe 7

1 b, 2 a, 3 d, 4 c

Aufgabe 8

a) Kardia
b) Korpus
c) Pylorus
d) Belegzellen
e) Gastritis
f) Ulkus
g) Antazida
h) Spätschmerz

Aufgabe 9

1 b, 2 a, 3 d, 4 c

Aufgabe 10 a, f

Aufgabe 11

1 f, 2 a, 3 c, 4 d, 5 g, 6 e, 7 b

Aufgabe 12

Cholelithiasis, rechten, Gallenkolik, Nulldiät, krampflösende, Schmerzmittel

Aufgabe 13 c

Aufgabe 14

Enzyme, wasserlöslich, fettlöslich, Medikamente, First pass Effekt, parenteral, intravenös, intramuskulär

Aufgabe 15

1) Stoffwechsel
2 Entgiftung
3) Albumin
4) Bilirubin
5) Gelbsucht
6) Hepatitis
7) Toxisch
8) Koma

Aufgabe 16

1) b, e
2) a, c, d

Aufgabe 17 a, b, d, e

Aufgabe 18

1) Ballaststoffe
2) Laxanzien
3) Ileus
4) Divertikel
5) Peristaltik
6) Crohn
7) Polypen

Kapitel 19

Aufgabe 1 d

Aufgabe 2 c

Aufgabe 3 b

Aufgabe 4

12, 1, regelmäßigen, Diät, Blutzuckerkontrollen, Antidiabetika, Insulin

Aufgabe 5

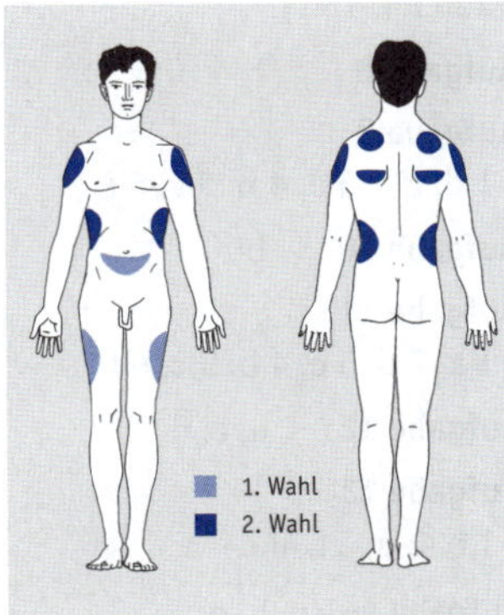

Aufgabe 6 b, c

Aufgabe 7 1 c, 2 b, 3 a

Aufgabe 8

1) Durchblutungsstörung, Schlaganfall
2) diabetische Retinopathie
3) koronare Herzkrankheit (Infarkt)
4) diabetische Nephropathie
5) periphere Polyneuropathie
6) periphere arterielle Verschlußkrankheit
7) diabetischer Fuß

Aufgabe 9

Normalgewicht 65 kg, Idealgewicht 55,25 kg

Aufgabe 10 b

Aufgabe 11

1 b, 2 c, 3 a, 4 d

!

Aufgabe 12
Ballaststoffen, Darmperistaltik, Transport, Verstopfung, 30 g, Vollkornprodukte, Kartoffeln, Gemüse

Aufgabe 13 1 b, 2 c, 3 a

Aufgabe 14 a, c, d

Kapitel 20

Aufgabe 1 d

Aufgabe 2
1 c, 2 d, 3 f, 4 e, 5 a, 6 b

Aufgabe 3 a, b, c, d

Aufgabe 4
1 c, 2 d, 3 a, 4 b

Aufgabe 5 c

Aufgabe 6 a, c, e

Aufgabe 7
glomeruläre, Filtrationsrate, 120 ml, 180 l

Aufgabe 8 b

Aufgabe 9
1 d, 2 e, 3 a, 4 b, 5 c, 6 f

Aufgabe 10 b

Aufgabe 11
1 a, 2 d, 3 e, 4 b, 5 c, 6 f

Aufgabe 12 a, c, d

Aufgabe 13
1 b, 2 d, 3 a, 4 c

Aufgabe 14 b, d

Aufgabe 15
70%, 1500 ml, 600 ml, 400 ml, Unterwässerung (Dehydratation), Hypernatriämie, hypertonen, Volumenmangels, neuromuskulären Erregungsleitung, Herzrhythmusstörung

Aufgabe 16
1 d, 2 b, 3 a, 4 c

Kapitel 21

Aufgabe 1
1 a, 2 e, 3 h, 4 d, 5 g, 6 c, 7 b, 8 f

Aufgabe 2 a, b, c, e

Aufgabe 3
1 d, 2 c, 3 a, 4 e, 5 f, 6 b

Aufgabe 4
1) a, b, d, f
2) c, e

Aufgabe 5
1 a, 2 g, 3 b, 4 f, 5 d, 6 c, 7 e

Aufgabe 6
1) c, d, e
2) a, b, f

Aufgabe 7 a, b, c, d

Aufgabe 8 1 c, 2 a, 3 b

Kapitel 22

Aufgabe 1 b

Aufgabe 2
Trophoblast, Chorionplatte, Decidua basalis, Plazentaschranke, Dottersack, Amnionhöhle, Chorionhöhle, Fruchtblase, Fruchtwasser

Aufgabe 3 1 b, 2 c, 3 a

Aufgabe 4 1 a, 2 b

Aufgabe 5 b, c, d

Aufgabe 6 a, b, c, e

Aufgabe 7
1 a, c
2 b, e
3 d

Aufgabe 8

Wochen nach Entbindung	*Wochenfluß*	*Uterusgröße*
1. Woche	blutig	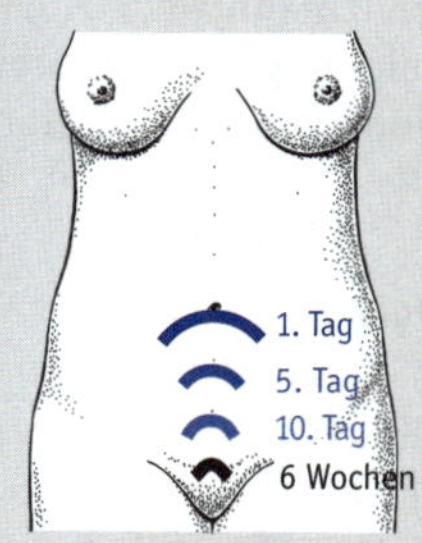
Ende der 1. Woche	braun-rötlich	
Ende der 2. Woche	dunkel-gelb	
Ende der 3. Woche	grau-weiß	
nach ca. 4 – 6 Wochen	Versiegen des Wochenflusses	

Kapitel 23

Aufgabe 1 d

Aufgabe 2
a) **A**ussehen (Hautfarbe)
b) **P**uls (Herzfrequenz)
c) **G**rimasse (beim Schleimabsaugen)
d) **A**ktivität (Muskeltonus)
e) **R**espiration (Atmung)

Aufgabe 3
37., Frühgeborene, Lunge, Gefäßsystem, ZNS, Infektionen, Fehlbildungen, Anpassungsstörungen, Tragezeit, unreifer, Atemstörungen, foetalen Kreislaufs, Sauerstoffmangel, Konzentrations- und Lernstörungen, Krampfanfälle, Hör- und Sehstörungen, Zuwendung, Körperkontakt

Aufgabe 4 b, c, e, f

Aufgabe 5
a) Surfactant
b) Foramen ovale
c) Ductus arteriosus Botalli
d) Mekonium
e) Ikterus
f) Phototherapie

Aufgabe 6 a, b, d, e

Aufgabe 7
1 c, 2 d, 3 b, 4 a

Aufgabe 8
a) 6 Wochen, b) 3 Monate, c) 5 Monate, d) 10 Monate, e) 9 Monate, f) 12 Monate, g) 14 Monate, h) 18 Monate

Aufgabe 9
1) Kinderkrankheit
2) Impfung
3) Windpocken
4) Kindstod
5) Keuchhusten
6) Allergie
7) Rachitis
8) Roeteln

Lösungen

Kapitel 24

Aufgabe 1 b

Aufgabe 2
a) Arteriosklerose
b) Altersemphysem
c) Arthrose
d) depressiv
e) Obstipation
f) Inkontinenz

Aufgabe 3 1 b, 2 a

Aufgabe 4
1) Schlaf
2) Persoenlichkeit
3) Orientierung
4) Demenz
5) Verwirrtheit

Aufgabe 5 c

Kapitel 25

Aufgabe 1
1) a, f
2) c, e
3) b, d

Aufgabe 2 d

Aufgabe 3
1 a, 2 d, 3 b, 4 c

Aufgabe 4 a, c, e

Aufgabe 5 1 c, 2 b, 3 a

Aufgabe 6
a) Interaktion, b) Sender, c) verbale, d) Körpersprache, e) Mimik, f) Tonfall

Aufgabe 7
1 b, 2 a, 3 e, 4 d, 5 c

Aufgabe 8 b, e

Aufgabe 9
1 a, 2 d, 3 c, 4 b

Kapitel 26

Aufgabe 1 c, e

Aufgabe 2
1 d, 2 b, 3 c, 4 a

Aufgabe 3 b, e, f

Aufgabe 4
1 d, 2 b, 3 c, 4 f, 5 e, 6 a

Aufgabe 5
1) a, b, d
2) c, e

Aufgabe 6
a) **A**temwege freimachen
b) **B**eatmung
c) **C**irculation = Herzmassage
d) **D**rugs = Medikamente
e) **E**KG (evtl. Defibrillation)

Aufgabe 7
Gewebsflüssigkeit, Volumenmangelschock, Rötung, Blasenbildung, Wasser, Decken, gekühlt, 15, Salben, Puder, Sprays